農活

noukatsu

はじめる！ my農業スタイル

十日町市
定住・交流促進専門嘱託員
池田美佳

丹波篠山のおいし～い野菜畑
レッドビーンズ 代表
小豆佳代

株式会社キャリアント 代表
水越弘美

本の泉社

もくじ

はじめに

昨今、農業に注目が集まり、メディアやセミナー、勉強会でも農業に関するものが多く登場しております。本屋の起業コーナーや雑誌コーナーでも農業の話題が多く上がっています中、本書をお手に取っていただきましてありがとうございます。

この本は、農業の現場に近い女性三人が、それぞれの立場から、就農の際に必要である情報や、実際の体験談、手続きの内容を紹介するものです。一人の女性は、行政の定住・交流相談窓口（就農相談含む）担当者としての立場から。もう一人の女性は、農産物販売者の立場から。そして私は、起業家支援者の立場と視点から書かせていただいています。

本の前半では、実際に農業をされている農家者の生の声、就農の先輩たちの体験談を紹介しており、これから就農したい方へ向けて、実際に就農後をイメージしやすいよう構成しております。後半では、就農のための心構えから手続きまでを紹介し、巻末には就農の際参考になります各種支援制度、就農情報、用語集などのインデックスを掲載しています。

就農後の実際のイメージをつかみたい人は、このまま始めからお読み下さい。また、具体的なイメージがあり、就農の手続きなどを知りたい方は後半の手続きの項目をご覧いただけましたらと思います。

この本を通じて、これから就農される皆様のお役に少しでもなりましたら、大変嬉しく思います。

最後までお付き合いよろしくお願いいたします。

ナビゲーター　株式会社キャリアント　水越　弘美

執筆者の紹介

池田美佳《いけだみか》さん

一九七一年、愛知県生まれ。小中学生時代は毎年長期休業中にキャンプに参加し、年齢や性別に関係なくそこに集まったすべての人が「仲間」として過ごすことが楽しくて、いつしか「キャンプの指導員」になることが夢になっていました。それからは、高校時代の山村留学の経験と大学での人間関係学、アメリカの大学でのレクリエーションマネージメントの学位取得と、夢へまっしぐら。その後、念願の山村留学指導員として再び松之山に戻りました。しかしながら三年前に山村留学は閉園し、現在は十日町市で定住交流促進事業に関わっています。地域資源である農業やそれにまつわる産品、自然環境を活用して体験や交流事業に取り組んでいる地域の企画や運営に関する側面的な支援をしています。

小豆佳代《あずきかよ》さん

一九七四年、兵庫県生まれ。丹波篠山産の農産物を主に取り扱うネットショップ「丹波篠山のおいしい野菜畑 Red Beans」を運営しています。ただ単に販売するだけではなく、生産者と消費者の間の架け橋的な役割も自覚し、両者の間にできてしまった距離を縮めることを自分のミッションだと感じながら、篠山盆地を奔走する日々。お客様からの「おいしかった、ありがとう」の声を生産者に届ける瞬間が、仕事上でのいちばんの楽しみです。プライベートでは、知人農家から遊休農地の一角を借り受け、自ら畑を耕す週末農家。今年は、黒落花生の完全無農薬栽培に挑戦していますが、やはり週末だけでは難しいことを実感中。草だらけの畑を眺めるにつけ、生産者のみなさんへの感謝と敬意を新たにしています。

水越《みずこし》弘美《ひろみ》さん

一九七八年、愛知県生まれ。実家が自営業でしたので小さい頃から人に囲まれて生活しておりました。その影響からか、人と関わる事が大好きで、自分自身でもイベントや交流会を行っております。社会人になってから、自分が勉強不足だと再認識をし、本を読み漁り、資格の勉強をしたり、会社設立後に大学に通信で通ったりと勉強と仕事を行いながら、毎日楽しく過ごしております。現在、大阪在住で（株）キャリアントの代表をしております。事業内容はネットショップの作成や運営代行、ホームページの作成などのネット関係と、イベントや交流会の主催を通じて起業家の方々のお手伝いもさせていただいており、今回は起業家を応援する視点から、ナビゲーターとして執筆参加しています。

執筆者へのQ&A

池田さんへのQ&A

Q　今のお仕事に就かれたきっかけを教えて下さい

もともと山村留学をはじめ、子どもの短期・長期の体験交流事業に八年携わっていました。そんな中、「交流事業」という目線で、官民一体の「にいがた田舎暮らし推進協議会」（現在は解散）のメンバーに二年ほど加わり活動をしており、「山村留学」が閉園する時期と重ねて、十日町市でも、定住促進事業を本格的に取り組もうという動きが出て、お声がかかったというわけです。

Q　今のお仕事のやりがいを教えて下さい

地域の人の頑張りを、私にできることで応援することです。地域で何かをしようと動き出しているところから、元気をもらいます。私にできることをフル活用してお手伝いし、地域は地域としての思いを持ち続ける。そうやって、お互いが「責任」を押し付けあわず、しっかりと役割を線引きした中で初めてお互いが生き生きできると思っています。

Q　今のお仕事に就いて大変だった点はありますか？

国や県、行政全般の施策と、地域の実情とのギャップ。そして、地域外の思いやあこがれと、地域の実情とのギャップ。それらが大きく、それを埋めていくことが大変です。

Q　今のお仕事に就いて良かった点はありますか？

地域のいろいろな方に出会えたこと。そして、地域外の方ともいろいろと繋がりが持てたことです。

Q　今後の農業について何かご意見などありますか？

「農業」は今後とても重要なものになってくると思います。それは、誰もが分かっていることだと思います。ただ、だからといって、みんなが農業者になるということではなく、それぞれの分野で、それぞれの力や知恵を使って「農業」に対してできることをしていくべきだと思います。

Q　この本を通じて、これから就農したい人たちに伝えたいことはありますか？

「就農」と言ってもさまざまな形があります。「農業がやりたい」という思いだけではなく、具体的にどういう農業がしたいのか、それを中心にどういう暮らしがしたいのか、を考えてからの方がいいと思います。考えが浮かぶまでは、とにかく焦らずゆっくりと、じっくりとさまざまな地域や、さまざまな「農業」に携わってみることをおすすめします。知識ではなく、体験して、感じてみることを大切にしてほしいです。

小豆さんへのQ＆A

Q　今のお仕事に就かれたきっかけを教えて下さい

ネットショップの運営スタッフとして勤務した経験から、商材さえあれば、何か自分でもショップをやってみたい……と考えていたときに、丹波篠山に古くから縁のあった父の紹介で、二人の生産農家さんと出会い、丹波篠山の特産品販売のネットショップを開業したのが始まりです。運営するうちに、徐々に農業支援の意識が出てきたように思います。

Q　今のお仕事のやりがいを教えて下さい

生産農家さんと日々直接やり取りができるため、彼らの喜びや苦労・困りごとなどを、直接見聞きすることができること。また、その困りごとに対してダイレクトに行動を起こしやすく、自分自身で、その成果を直接感じとれるところもやり甲斐につながっていると思います。

Q　今のお仕事に就いて大変だった点はありますか？

商材が、工業製品のように量・価格とも安定の約束されないものなので、収穫を無事に迎えるまで気が気でないことが多々です。特に台風シーズンには、天気に一喜一憂することが多いですが、それも、農業に関わる仕事をする者の宿命だと思います。

Q　今のお仕事に就いて良かった点はありますか？

仕事柄、農村部へ訪問することが多いですが、そこで出会う野菜や、山村の景色から季節や旬を、日常的に感じられるようになりました。また、行く先々で新鮮な野菜のお裾分けをいただけるのが嬉しいですね。

Q　今後の農業について何かご意見などありますか？

職業としての「農業」が、もっと一般的になればいいなと思います。そのためには、就農への道すじがもっと開かれていてほしいと思いますし、就農後のさまざまな苦労が緩和されることが必要だと思います。緩和されるために、整備しなければならない要素はたくさんあると思いますが、生産者・消費者・そして私たちのような農業の近くで仕事をする人間それぞれが、少しずつ、それらを変えていけるようにと思っています。

Q　この本を通じて、これから就農したい人たちに伝えたいことはありますか？

何となく、イメージのみで安易に農業を志すその前に、現役農家さんと接する機会をなるべく多くもって話をうかがったり、お仕事をされている姿を見たり、農作業を体験することで農業というお仕事について、理解を深めてみていただきたいと思います。そこから、就農後の自分のことを具体的に想像できるようになったら、そこをスタートとしてもらえるといいのでは、と。

それが、間違いのない、自分らしい就農につながるものと思います。

水越さんへのQ＆A

Q　今のお仕事に就かれたきっかけを教えて下さい

私は、起業家や個人の方々のキャリアを輝かせる、キャリアアップのためのサービスやシステムを提供しております。このような仕事に就きたいと思ったきっかけは、私がやりたいこと、できることを考えておりましたら「自分に縁があった人達のお手伝いを少しでもしたい！」と思ったからです。

Q　今のお仕事のやりがいを教えて下さい

仕事を通して、相手も自分も前進していける環境にとてもやりがいを感じます。漠然としたイメージでしかなかったものが具体的に形になってきますと、「さらに頑張らないと」と思います。

Q　今のお仕事に就いて大変だった点はありますか？

情報やサービスを提供する側と、提供される側。どのようなものが良いか双方の意見を合わせて行く作業がとても大変だと感じます。

Q　今のお仕事に就いて良かった点はありますか？

何かやりたくて、なかなかきっかけが掴めず行動できないでいる人の背中を押すお手伝いができたとき、そしてその方が嬉しそうに仕事をしている姿を見られたときは、この仕事をして良かったなぁ、と思います。

Q　今後の農業について何かご意見などありますか？

現在、農業がブームになっておりますが、今後ブームが平穏になった際に、本当に農業への関わりが必要になってくるのだと感じておりますので、ブームが落ち着いた後でも、本気で農業に関与していく意思を持って就農される必要があるかと思います。

Q　この本を通じて、これから就農したい人たちに伝えたいことはありますか？

この本を通して一時の農業ブームで終わらず、本当にやりたい農業の形を見つけていただき、今後の皆さまの就農までのお手伝いを少しでも行えましたら大変嬉しく思います。

第1章

農業中心で回る地域生活文化

――地域農業者から学ぶ「農業スタイル」（新潟県十日町市）

十日町市　定住・交流促進事業専門嘱託員　池田　美佳

農業中心で回る地域生活文化

――地域農業者から学ぶ「農業スタイル」（新潟県十日町市）

池田 美佳

この地域に移住して来て十年が経ちました。愛知県出身の私は「農業」というものとは全く無縁な生活をしてきました。いや、本当のことを言えば、小学校での「農業体験」や山村留学という経験から「農業をやったことがある」とこれまでは思っていました。

山村留学とは、読んで字のごとく「山の村に留学する」ことです。小中学生が親元を離れ、山の村へ「留学」をするのです。住民票を写し、その村の子どもとして生活をします。学校へ通うのはもちろん、地域の行事やイベントへの参加、そして地域の子どもたちが家庭で「農業」を手伝うように、山村留学生も「農業」をします。私の行っていた山村留学のスタイルは、月の半分は、山村留学生全員での共同生活を行い、残りの半分は二～三人に分かれて、地域の農家へホームステイをするものでした。私は三年間山村留学生としてこちらに来ていたこともあり、「農業をやっていた」という思い上がりがあったのです。しかし、それは「思い上がり」であったと、地域に住めば住むほど思い知らされています。

年々感じることは、「農業は、脈々と受け継がれてきたひとつの「文化」であり、「生活」でもある」ということです。どんなに小さな集落でも、自分たちの農地や道路を確保するための作業があり、地域に伝わるお祭り、鎮守様の祭り、それにたくさんのイベントがあります。それらには地域住民のほとんどが出席。作業にいたっては必ず全世帯が出席。もちろん農業をやらない私も出席したことも何度かあります。そして、それらは農作業の合間を縫って行われます。（表1）

また、農業とは「自然に縛られる」ということ。時間に縛られる生活は、時間の使い方によって、ある程度自由がきく生活だと思います。ところが「自然に縛られる」ということは、人間ではどうにもならない次元での「縛り」であるため、それにあわせてやりくりをしなければなりません。空を見上げながら、時間との勝負。そんな言葉をよく聞きます。

漠然とそんなことを感じている私は、それを確かめるべく、この土地に生まれ育ち、さまざまな形で「農業」を守っている三組の方にお話を伺いました。

表１　ある地域の一年の流れ

	自然環境	文化	農業	生活・その他
4月	雪解け 山菜 木々の芽ぶき	春祭り	ゆき消し作業 田んぼの準備 苗づくり	新年度 山菜とり
5月	春の花開花	地域の草刈	田植え	
6月	梅雨入り		草刈り 溝切り	各種運動会
7月	梅雨		草刈り	
8月		お盆 鎮守祭り 秋祭り	草刈り	夏休み
9月		風祭り	稲刈り	
10月	紅葉		稲刈り、脱穀 籾すり	
11月		農業祭	脱穀、籾すり	冬準備
12月	初雪			雪掘り
1月	降雪	正月、小正月		雪掘り
2月		雪祭り		雪掘り
3月	雪解け			

本文に入る前に、十日町市について少しご説明しましょう。

新潟県の南に位置する十日町市は、平成の大合併で、中魚沼《なかうおぬま》郡川西町、同郡中里村、東頸城《ひがしくびき》郡松代町、同郡松之山町、そして十日町市が合併し、新生「十日町市」として平成十七年四月に誕生しました。

市面積（589・92平方キロメートル）も、市の人口（6万1千52人：平成二十一年三月三十一日現在）も増えたものの、「十日町市」全体が「中山間地」と呼ばれる地域です。

十日町市山間地の風景

市の東側には、魚沼丘陵、西側には東頸城丘陵の山々が連なり、中央部には信濃川が南北に流れ、両岸には河岸段丘が広がります。

季節がはっきりしており、冬の降雪は「人間が文化を織り成す地域としては世界一」といわれるほどの豪雪地帯としても有名です。市街地でも2メートルほどの積雪があり、山間地になれば3～4メートルの積雪があります。この雪が豊かな水をもたらし、水稲栽培の源となっています。一年の約半分が雪で覆われるこの地域の農業は「稲作」がほとんどの割合を占めます。

私がお聞きした三組の皆さんも、稲作農家です。河岸段丘を利用した田んぼ（旧川西町、旧中里村、旧十日町市）や、山間地では、山を切り拓かれて作られた棚田が広がります。特に旧松代町、旧松之山町は棚田が有名です。

栽培されているお米は、コシヒカリが多く、魚沼産コシヒカリとして有名です。十日町市の持つ「河岸段丘」「日照時間」「豊富な水」すべてにおいて、コシヒカリの生産に最適だといわれている地域です。現在では、屋内で作られるキノコや、平場でのユリやトマトの栽培が盛んになってきましたが、ほとんどの農家は水稲栽培が中心で、畑作は家庭で食べる程度のところが多い地域です。

農業か工業か、悩んだけれど農業へ

――目に見える結果と、一年でリセットできる農業

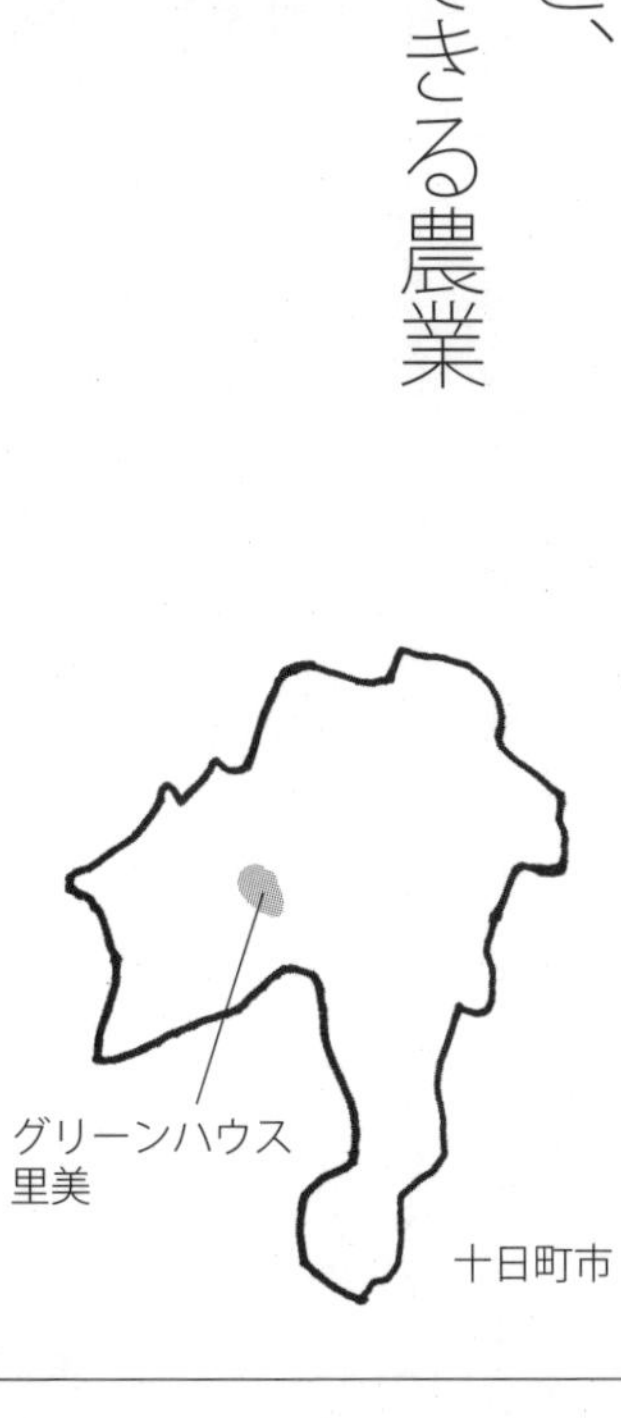

十日町市の西に位置する旧松之山町の浦田地区。そこは、私自身も山村留学生として、また、その指導員として合計十年以上お世話になった地区でもあります。南にある山を越えると長野県、西の山を越えると上越市という山に囲まれた地区で、山村留学が始まった二十三年前から、いや、それ以前から都市との交流が盛んな地区でもあります。山村留学は閉園したものの、今でも都市部の学校のセカンドスクールや修学旅行で、毎年子どもたちを千人近く受け入れています。昨年度から始まった「子ども農山漁村プロジェクト」の受け入れ地区のひとつでもあり、春の田植えの時期や夏場には、農業体験をしにたくさんの子どもたちがやってきます。

「グリーンハウス里美」

そんな地区に専業農家として、また、その農地を利用して農業体験ができる「体験民宿」を営んでいる田中さん一家が住んでいます。体験民宿の名前は「グリーンハウス里美」（通称「里美」）。田中さんのご主人富士雄さん（62歳）は、里美のお客様をいい意味で「お客様扱い」しない方で、本当の農業を体験させることに意味を持ち、本気で体験したい人にはびしびしと「指導」をされています。

夏場には、朝食前の涼しい時間を使って行う農作業「ちゃめ仕事」（茶前仕事）を一緒にやり、日の昇った暑い時間には休憩。そして、三時頃からまた外に出て、日が沈むまで農作業。農作業に関して、そして人間としての生き方についても厳しく、本気でお客さんを叱ることもしばしば。私も、何度叱られたことか……。

そんな富士雄さんにはファンも多く、今ではリピーターも多くなり、そのリピーターで「どろりんピック」（代掻き前の田んぼで、泥んこになりながらスポーツを楽しむもの）や収穫祭が企画されるようにもなりました。また、里美がある集落の行事にも集落の一員として参加するようにもなりました。さらには、リピーターの中から、「修業させてください」と長期間にわたって里美に居候をして、農業に取り組む若者や、イギリスからの留学生まで出てくるほど。

第二のふるさととして、たくさんの方が訪れる「グリーンハウス里美」（通称「里美」）。その富士雄さんのご長男が、農業と「里美」を継ぐために高校を卒業してから「農業大学校」へ進学。そして、全課程終了後に戻ってきて今年で八年目になりました。

農業の担い手が減少している中で、なぜ、彼は戻ってきたのか。彼にとって、農業とはどういったものなのか。彼の中の思いを聞いてきました。

グリーンハウス里美　田《た》中《なか》磨《おさむ》さん〔30歳〕

●**キーワード**　農業の担い手／後継ぎ／若者目線

池田　まずは、グリーンハウス里美について教えてください。

平成九年十月に「体験民宿」として里美はオープンしました。「体験民宿」とは、都市の人が農家の仕事を体験しに来る施設です。里美は新潟県の中での「体験民宿」第一号で、「農家が取り組む体験宿泊施設」というくくりでグリーンツーリズムの補助をもらって造りました。

当時は農家民宿の特区がなかったので、こういった宿泊施設は旅館業法と一緒のくくりで作らなきゃいけなかったんです。だから、一般農家には大変だったんですよね。今は、農家が簡易な設備で、自分の家の一角を宿泊施設として開放して受け入れができるようになったんです。それが「農家民宿」です。

池田　なぜ、体験民宿を始めようと思ったのでしょうか。

それは、山村留学生の親御さんが宿泊できるところを作りたかったそうです。自分の子どもの同級生に山村留学生はいたわけだから、その親御さんとも親同士仲良くなりますよね。それで、子どもは山村留学を終えても山村留学センターに宿泊できるけど、その親御さんが来たときに泊まれる場所がないといけないからって。

池田　えー！　もともとのきっかけは、それだったんですか？　それはどうもありがとうございます。

本当は、昔の家（当時住んでいた家よりさらに前に住んでいた家）が残っていたので、それを使おうとしたみたいです。でもその頃は旅館業法の縛りがあって、どうしても新しいのを建てなきゃいけないってことになったんです。それと同時に、当時住んでいた家も道の拡張で、移動しなきゃいけなくなって、それで、「ダメ元」で申請したら、通って造ることになったんです。

池田　そのとき、磨さんはおいくつだったんですか？

着工したのが僕が高校二年ぐらいのときで、高校三年の秋には完成しました。

当時はまだ何も考えてなかったから、体験民宿をやることについては、何にも思いませんでしたね。

池田　でも、高校卒業して農業大学校に進まれたんですよね？　それは、どうしてですか？

一番の理由は、授業料が安かったから。自分がやりたかったのは、工業か農業だった。で、考えた時、自分の家には農地もあって機械も揃ってるし、農業の方が食っていけると思ったんです。農業大学校出てすぐに家に戻ってこようとは思っていなかった。さらにいろいろ勉強したかったので、その上にある技術学院に二年間行って、それから戻ってきました。

池田　農業大学校の技術学院ではどんなことを学ばれましたか？

農業普及員と一緒に勉強をしました。そこの先生は、農家と一緒に病害虫の問題を解決したり、担い手を支援する県の職員だったので、専門的なことも勉強することができました。

池田　農業大学校では、ずっと農業をしてるんですか？

違いますよ。書くこともやりますよ。たとえば化学。公式とか化学変化の式とか。農薬や毒物を扱うので、その資格を取るための勉強もします。

もちろん農業もあります。僕は、学校では畑をやってました。キャベツやレタスを作っていました。米は一切作っていませんでした。あと、溶液で薬物も作りました。水耕栽培ですね。

池田　米は作ってなかったんですか？　じゃあ、今も野菜を作りたいと思わないんですか？

全く思いません。だって、ここの土地では合わないから。気候もそうなんだけど、流通が確立してないから。流通を確立しようとも思わないんです。

葉物って、鮮度命なんですよね。だから、宅配をやるとしたらクールでやらなきゃいけない。今、直販している米につけて売るってことも考えていません。それは、米づくりに専念したいと思っているからです。

（上）田植えをする磨さん
（下）棚田フットワークの田植え体験

池田　どれくらいの農地を耕作しているんですか？

今は、五町四反ぐらいです。昔は今よりもっと大きかったですよ。六町歩[*1]ぐらいやってました。その当時は、米の販売だけで生活していました。「里美」もやってなかったし。

それで、減反で四町三反ぐらいに減ったんです。減反が始まったのは自分が高校生ぐらいだったから、ちょうど「里美」ができる時期と重なってますね。「里美」ができることもあって減らしたのもあります。

で、また増えてきたんです。やっぱり畑は手がかかりますからね。田んぼと両方をやるのは大変ですよ。田んぼだけだったら、五町四反の大きさなら家族三人でちょうどいいぐらいですね。昔の六町のときと違って、大きい田んぼだけでやってます。標高が高いところも少ないので、収量もそこそこありますしね。

＊　＊　＊

ここでちょっと箸休めに、田中磨さんと私の関係を少しお話しておきましょう。

実は、私が十七歳のときに山村留学をしていたころ、磨さんはまだ小学六年生でした。私がお世話になっていた農家さんも彼の家と同じ集落だったので、私は学校から帰ってくると、いつも

＊1　尺貫法での長さまたは面積の単位のこと。1町歩＝約9917平方メートル。

近所の子たちと外で走り回って遊んでいる彼の姿を見ていました。また、私が大学時代に教育実習にこの地に来たとき、彼はなんと私の「生徒」だったんです。

だからこそ、「農業を継ぐために帰ってきた」と聞いたときは本当に驚いたんです。おとなしい感じで、でも何か内に秘めたものを持っているとは思っていましたし、小さい頃からこの辺のどこの子どももやるように、家の田んぼの手伝いはしていましたが、まさか、戻ってくるとは。と、勝手によそ者は思っていたのです。

どれだけ家の手伝いをしていても、彼の年代で農業を継ぐために帰ってくる若者はほとんどいなかったので、「なんで彼は、戻ってきたのだろう?」と、ずっと疑問に思っていました。

そのことを彼に告げると……

高校生のときは、特に深く考えていませんでした。でも、学生の頃から勉強を続けて、こちらに戻ってきてからかれこれ八年ぐらいになって、どんどんうちに田んぼを頼む人が増えてきた。そういうのを目の当たりにしていると、人ができないことをやれば、自分の独占じゃないけど、好きなようにできるし、利益もどんどん出てくるんだなあと思います。

池田　松之山地域では、磨さんの下の世代で私の知っている限りでは二人、家業の農業を継いでいますが、若者の中では先陣を切ったわけですよね。

まあ、そうとも言えるのかな。彼らも、家に農地が資産としてあったから継いだんでしょうね。人とのつながりもそうだし、いろいろと基盤があったからだと思いますよ。

今は勤めたとしても、派遣切りとかあって大変でしょう？　こんなふうになるとは思いもしなかったけど、僕らの時代はちょうど就職難で、仲間の中にも派遣で働きに出た人がたくさんいたんですよ。公務員だって、僕が出た学校の先には「普及員」として県に勤めることもできたんですが、ほんの数名しかとらなかったんです。

苗取りをしているところ。昔ながらの苗づくりで、箱苗を作らず、田んぼにじかに苗を作り、それを手で取って束ねていく。この苗は手植えの時のみ使用できる。この作業を里美に来た体験者と行っている

自分は、「派遣はちょっとなあ」という思いもあって。だったら、家にもともとある「資産」を利用した方がいいと思ったんです。

池田　では、今現在、その頃と比べて、農業に対してのスタンスは変わりましたか？

うーん、変わったのかなあ。でも、農業の後継者がいない家が多いので、いろいろな事情で作

れなくなった田んぼで、条件がいい所を請け負っていきたいとは思っています。ここでちゃんと田んぼをやって、結果を出していかないと、請け負わせてくれない。任せてくれないですからね。

何年も見ていて、「この人だったらこの田んぼを任せても、ちゃんと耕作してくれるな」って信頼を持ってもらわないといけないんです。

まるっきり新規で入ってきた人では、今後どれだけ責任もって耕作してくれるかも分からないから、頼まないですよね。だって、僕でもそうだったんですから。いくら、僕が農家の息子で、農業大学校を出たからといってもなかなか信用してもらえなかったんですから。「磨はまだ分からないけど、親父の富士雄だったらやってくれる」ってね。

池田　「自分では耕作できなくなってきたから、代わりにやってくれ」とか「自分の米は他からもらうから好きなように作っていいよ」というような人もいると思うんですが、そういう人でも新規の人には貸さないんですか？

多分無理でしょうね。たとえばね、その貸した田んぼで「いもち病」が出たとします。そうすると、他の周りの田んぼに迷惑がかかりますよね。そうなると、作っている人ではなくて、その田んぼを貸した人に責任が生まれるんです。「なんで、あんな奴に貸したんだ」って。だから、貸してぐちゃぐちゃに作られるよりも、休耕田にしちゃった方がいいんです。

池田　うーん、そういう事情があるんですね。では、話をちょっと変えますね。農業を継ぐためにこちらに戻ってきたとき、周りの反応はどうでしたか？

地域の人にはそんなには、話しかけられたりもしませんでしたね。最初は自分のことも誰だか分からない人も多かったですよ。ここで生まれ育ったとはいっても、子どものときなんて、祭りなどの行事以外、集落の集まりなんか出ませんもん。

こっちに帰ってきて、毎日田んぼに出て、話をして、それでやっと覚えてもらったって感じです。同級生からも良くも悪くも別に何も言われませんでしたね。

池田　こちらに帰ってきたら、もう「大人」としての扱いになりますよね？　集落の集まりなどにも出なければいけないし。最初はどうでしたか？

嫌でしたよ。自分より上の人たちと一緒になるんですよ。今だって一番下ですけどね。話す話題も違うし、何話したらいいかも分からないし……。向こうだって、「こいつは誰だ？」って感じですよね。親同士は知っていても、子どものことまでは分からないですよ、同じ世代の子どもがいなければ。

今はもう、毎日田んぼに出て顔を合わせているので全員分かりますけどね。集落の集まりや、集落の仕事にもほとんど出てますしね。だいたい、農業が一段落すると、集落の行事が入ってきます。一家に一人は出席するのが基本なので、僕はほとんど出席しています。

池田　暮らしの中にある農業なのか、農業が暮らしなのか、どちらですか？

「農業が暮らし」です。だって植物は待ってくれない。植物に「ちょっと待って」と言って、待ってくれるんだったら、生活が先に来ますよ。でも、そんなことないでしょ？　順番からいうと自然・農業・暮らしですね。

ブナが芽吹きだしたら田んぼの準備を始めて、ウツギが咲きだしたら、田植えを開始するってこの辺じゃあ言うんですよ。ね、自然が最初に来るでしょ？　あとは、稲の成長具合で作業が決まってきますね。

自然が落ち着いて、農業が落ち着くと、「暮らし」の集落の行事が入ってくる。それら全部をひっくるめて「生活」なんです。

「里美」からの景色
(上) 長野県境の山々
(下) 里美のすぐ横を流れる渋海（しぶみ）川

それが分からなくて、いきなり入ってきて「生活」を中心に考えてしまうと、おかしくなっちゃいますよね。自然に合わない植物を作ることになっちゃうんじゃないかな？　作り方や、肥料や、農薬の勉強をして知識を得たとしても、「生活」を中心に置いちゃうから無理がきちゃうんじゃないでしょうかね。

上手くいくかどうかは、植物や自然に自分の時間を合わせられるかどうかだと思いますよ。農業のサイクルっていうのは長いですよね。忙しいときはひっきりなしに休みなしに続くし、かと思えば、冬場なんてずっと休みですからね。勤め人のサイクルみたいに、時間できっかり区切られていないんです。

池田　農業で、一番大変な時期はいつですか？

米づくりの場合は、秋ですね。田植えはそんなに忙しくないです。だって、雨が降っても作業はできるから。でも、稲刈りは天候と時間との勝負なんです。雨が降ったら稲刈りはできないんです。そのときばかりは「時間」との勝負。だからみんな、「春先は忙しい」とは言いながらも、そんなにピリピリしていないと思いますよ。でも秋はもう「雨が降る前にちょっとでも！」って感じで、ピリピリしてる。

池田　農業をやっていて一番楽しいことは何ですか？

収穫物が目に見えることです。「今年はこれだけできた」って目に見えて分かることです。収穫を終えて米袋が積まれていくじゃないですか？　そこがいいですね。一年で結果が見えるし、その結果を見てまたすぐリセットかけられるから。

サラリーマンではそうもいかないでしょ？　いや、一日一日リセットをかけられるかもしれないけれど、やっぱり引きずっちゃうんじゃないかなあ。

池田　そういう考え方もあるんですね！　農業は一年に一回しかできないから二年目になってもまだ初心者だってことはよく聞くんですが、そういう考え方は初めて聞きました。

では、磨さんは、今後農業と「里美」をどうしていきたいですか？

できれば、「里美」の方はもう一人増やしたいですね。

田んぼの方は条件の良い田んぼのみを請け負って、増やしていきたいですね。（田んぼ間の）移動も少なくしたいです。田んぼが近いところで固まっていれば、機械の移動も人の移動も少なくなって、時間のロスが少なくなる。そうすれば、田んぼの大きさも広げることもできるし、管理も楽だしね。農業はずっと続けていきたいです。農業は、自分に合ってると思います。

秋になって収穫を目の当たりにしたときに初めて「楽しい」と思えますが、それまでは、本当に気が気じゃないんですよ。常に心配していなきゃいけない。水はこれで大丈夫か、上手く育つかって。植物はちょっと調子悪くなったから病院へというわけにはいかないじゃないですか。だから、全部終わって、収穫されると、楽しいというかホッとしますね。

それでも続けていきたいですね。もうこれは、暮らしというか、サイクルになってますから。

池田　そう言っている磨さんの顔は、すごく生き生きしてますよ。

いや、だって、どうやってこいつらを上手く育てていこうかとか考えると、「こいつら〜」って思うほど育てることに燃えますもん。ハプニングも付き物です。だから「楽しいか」って聞かれれば、そうやって考えることが「楽しい」って答えるかなあ。農業自体が楽しいわけじゃないけど、「どうやって育てるか」を考えることが楽しいですね。

池田　「里美」の方はどうですか？

もう、お客さんも何度も来て慣れた人が多いですからだいぶ楽になりました。新規のお客さんが来ると、ちょっと神経使いますが。

最初は大変でしたよ。お客さんは、知識として専門的にはよく知ってるんですよ。でも、作業になると発揮できないんですよ。それが大変でした。里美も、できれば続けていきたいですね。

池田　最後に、この地域で就農したいという人に一言お願いします。

地域の人と結婚してください（笑）。基盤を受け継ぐのが一番です。信用がないと、この辺では農業はできないから。信用を得るには通うだけでは得ることはできないんです。それから、農地を得るにしても、いろいろな手続きがあるし、信用がない人は簡単に得られないんです。機械にしたって一からそろえるにはお金がかかるでしょ。だったら、やっぱり農地もあって、信用もある人の基盤を受け継ぐのが一番です。

結婚して親戚関係を結べば、そこの農地をしっかりやってもらうために、教える方も必死で教えるし、その土地にずっといるって保障にもなるでしょ。だから、それが一番だと思うな。

ある程度長く、その土地でやった者勝ちですよ。長い期間通って信頼を得るにしても、一年二年と滞在して信頼を得るにしても。そこで農業ができるかも、農地を増やしていくことができるかも、農地を確保してからも、規模を大きくしたければ、どれだけ長い期間その土地でやってきたかがものを言います。長い期間やって良い物を作っていれば、自然と農地が集まってきます。

体験者と田植機に苗を積んでいるところ

＊＊＊

若いぶん現実的というか、勢いがあるというか。他の二団体とはまた違った視点のお話が聞けました。

「農家の息子でも信用を得るまで時間がかかった」という言葉にはびっくりし

ましたが、やはり「結果」を出すまではしょうがないことなのかもしれません。そして、「全く知らない人に貸すぐらいなら休耕田にする」という意味も、分かりました。

農作業の中にも、近所づきあいが重要な要素として組み込まれているんですね。だからこそ「農業をしたかったら結婚してください」という言葉にうなづけます。若者の発想ではありますが、一番的を射ているような気もします。

ぜひ、磨さんの力で農業も、そして「里美」も続けていってほしいものです。山村留学がなくなった今、今度は、元山村留学生たちが、磨さんのやる「里美」に集まってくることでしょう。そして、昔を思い出しながら農業体験を磨さんの指導のもとやるんでしょうね。いや、きっと「指導」なんて聞かずに適当にやって、磨さんが笑いながら怒っていることでしょう。磨さんは「嫌だよ、あんなうるさい奴ら」と、おっしゃっていましたが、その目は笑っていました。

【グリーンハウス里美】　代表　田中富士雄
所在地　新潟県十日町市浦田２０７-３
ホームページ　http://www.echigo-tsumarigt.com/satomi.html
農業体験の他、豆腐づくり、ピザづくりなどの食づくり体験もできます。

里美での体験メニュー「ピザづくり」用の石釜。
なんと磨さんの手作り

集落の存続に向けて

——いきいき三ヶ村《さんがむら》

十日町市の東側に位置し、南魚沼市の境にある菅沼《すがぬま》集落、山新田《やましんでん》集落、宇田ヶ沢《うだがさわ》集落、そして、小貫《こつなぎ》集落の四集落で成り立つ四ヶ村生産組合は平成十七年八月一日に立ち上がりました。平成十七年十月二十三日に発生した中越大震災により小貫集落は閉村し、現在では「三ヶ村生産組合」として活動を行っています。現在は集落の存続に向けて、三集落で「いきいき三ヶ村」を組織しさまざまな活動を行い始めました。「交流・観光部門」「営農部門」「加工直売部門（三ヶ村いきいき館）」と三つの部に分かれ、集落民が「いきいき」と生活を送ることができるようにしていこうと活動を展開し始めたばかりです。今回はその、「営農部門」の一員として、また、三ヶ村生産組合の組合長として頑張っていらっしゃる水落八一さんと、「加工直売部門」を任されている水落久夫さんにお話を伺ってきました。

いきいき三ヶ村メンバー・
三ヶ村生産組合組合長　水落八一《みずおちやいち》さん〔55歳〕

●キーワード　集落農業

八一さんの本職は地質調査のためのボーリング技師。ご自宅の横には集合住宅（二世帯入居可能）があり、それを「レンタルハウス」として貸し出しをしています。「レンタルハウス」とはいわゆる中長期お試し滞在施設で、ウィークリー・マンスリーマンションのようなものです。田舎暮らしをしたい人、就農したい人が長期的に滞在し暮らしを試してみる施設です。

箱苗を作るための苗代を生産組合で作っているお忙しい最中に、お邪魔して話をお聞きしました。

池田　まずは、生産組合について教えてください。

この辺は、いくらもない農地の中で、それぞれが機械を持っています。機械は、米を作り終えるまでにひとつあればいいわけではないのです。代掻き、田植え、稲刈り、脱穀、調整と、一つひとつの作業にそれぞれ必要になります。それを全部そろえるには、それはそれは経費がかかり過ぎてもったいないし、効率が悪い。それを、みんなで機械を共有し、みんなで耕作すれば効率が良くなる。それで、集落で組合を作って、共同で機械を持って、助け合いながら耕作しているというわけです。

何人かで集まって、組合を作っているところもあるけれど、ここは、集落全員が組合に加入しています。忙しいときの作業は、出られる人が出られるときに出て、作業をする。その代わり、作業に出た人には、それ相応に手間賃を払っています。

池田　生産組合になって、実際効率は良くなりましたか？

断然よくなりました。ただ、まだまだ、それぞれの家庭で、自分たちでできる作業はそれぞれが自分たちでやっています。年をとって、自分たちでできなくなると、生産組合へ「仕事」として作業を「お願い」します。だから、生産組合で集落すべての家庭の田んぼを共同で耕作するのではなく、あくまでも基本は個人（家庭）での作業。大きな機械が必要なときや、人手が必要なときに生産組合に作業を委託する。今はそういった流れです。

Column 1

〔コラム〕機械について

あくまでも、大きさによって変わってきますが、「自家用」とは個人で兼業でやる場合に必要であろう大きさのものを示しています。これらは、あくまでも「おおよそ」のものです。そして、これら機械をそれぞれを収納しておく場所も必要になります。これらの使用頻度はそれぞれ「年一週間から十日間」といいます。

三ヶ村生産組合では、組合ができる前は各家庭がそれぞれ個人でほとんどの種類の機械を所有していたそうです。各家庭の負担が大きく、効率が悪いことがよく分かります。

生産組合を立ち上げたとき、機械だけではなく作業所（ライスセンター）に対しても全額ではないけれど補助が出ました。また、十日町市は中越大震災の復興基金を利用することもできたので、組合の持ち出し分にそれを当てて購入したそうです。最終的に自分たちの持ち出しは、三割程度だったそうです。

（池田美佳）

機械	自家用	生産組合
家庭菜園用耕運機	20～60万	
トラクター	150～200万	500万程度
田植え機	100万前後	150～200万
コンバイン	200～300万	300～500万
乾燥機	50～100万	100～200万
調整機（籾すり）	50～100万	100万

池田　やはり専業農家としてやっていくのは、大変ですか？

この地域では専業農家としてやっていくには、平場で十町歩以上の耕作面積が必要だといわれています。もちろん、採算をとるには何年もかかりますが。農業というのは、特に水稲は、秋に一年分の収入が入るわけです。だから、かなり懐に入った気がしていい気になっちゃうんですよね。でも、実は一年の間に、肥料や農薬をはじめ、草刈りや農機具の燃料費、そして、人手が出ているのに、あまりそれを金額に換算しないいんです。だから、実際にどれぐらいでペイできるかは分かりません。やったこともないし……。

あとは、やり方次第です。面積を少なくして、こだわった米づくりをして、それを分かってくれる人に直接販売するとか……。でも、米づくりは一年に一回しかできないから、試しながらやるにも数年かかる。でも、やってみなきゃ分からないんですよ。これっていう成功方法は、自分のやり方によって違ってくるから。専業農家でも米づくりだけにするのか、野菜も一緒に作るのか。いろいろな方法があると思います。

一人でやるのか、グループでやるのかという違いもあります。農業には、いろいろな要素があるんですね。大工の要素も必要だし、左官[*1]の要素も必要になる。肥料についても知らなければならないし、農薬についても知っていなきゃいけない。それらの作業を一人でやる方が簡単なんですよ。自分一人の考えで、自分一人で試して、自分で全部責任をとればいい。でも、収益はなか

＊1　建物の壁や床、土塀などを、こてを使って塗り仕上げる職種のこと。

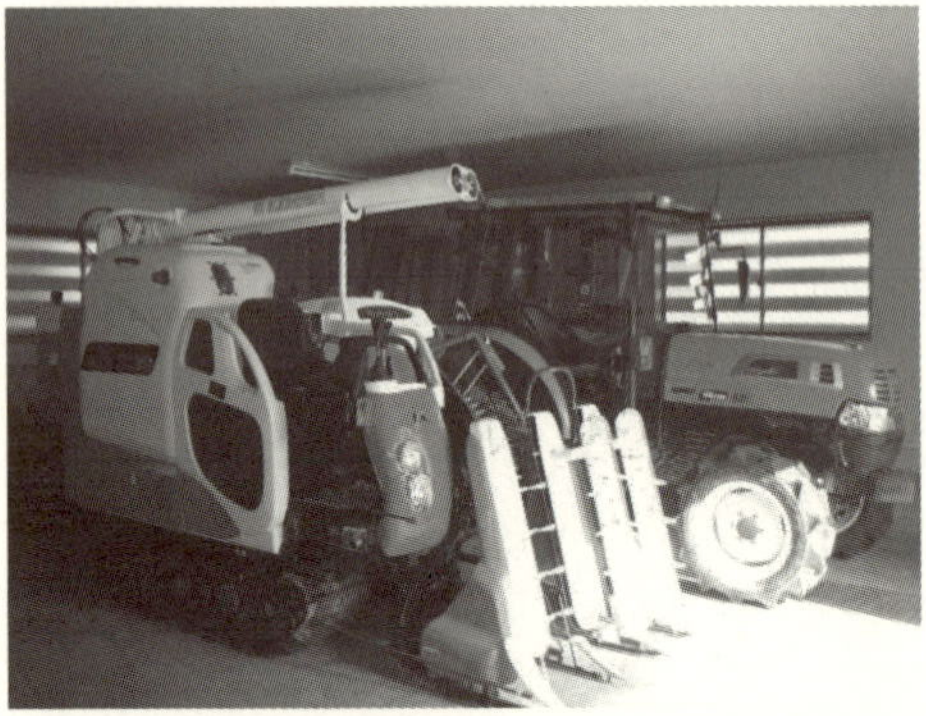

(上)コンバインとトラクター
(下)乾燥機と調整

なか上がってこないんです。

グループでやるといろいろな意見があって、まとめるのが難しいけど、それを聞くのも楽しい。分担作業ができて、それぞれの得意技を生かすことができる。そして、一回の農業でいろいろな方法を試すことができます。だから、グループでやると経済的にも効率的にもいいんです。それに何といっても、仲間でやると楽しいんです。それにこの地域の人たちは、みんな自分で仕事を持っているんです。大工だったり、ボーリング屋だったり、左官屋だったり、みんな〇〇屋ばっかりです。若い人は、みんな勤め人だけどね。だから、自分で時間の都合をつけられるので、生産組合で人手がいるときは、時間を調整して出てくることができるんです。

専業農家でやるには十町歩以上が必要だと言いましたけど、この辺の田んぼを見てください。いくら圃場整備して昔よりひとつの田んぼの面積が大きくなったとはいえ、やっぱり傾斜を利用して作っているから「のり面[*2]」が多いんです。下から見ると田んぼがあるなんて分からない。昔は、畳二畳ぶんぐらいの大きさもあったけど、今は三畝《せ》から四反《たん》ぐらいの大きさのものに整備されたんですよ。それでも小さいから、とても専業では無理なんです。

池田　八一さんの、だいたいの一年の動きを教えてください。

四〜六月は、本業（ボーリング）が暇になるから、農業にほとんど費やしています。八月には、地域のお盆やお祭りがあり、そのあと稲刈りに入りますが、本業の方がその時期は入ってくるので、稲刈りの進み具合を見ながら本業の休みを取って、農業をします。

農業の一番忙しい時期は、春と秋です。米作は田植えまでと稲刈り後の作業は大変ですが、苗を植えちゃえば、あとはちょこちょこっと水を管理すればいいだけ。でも、畑は違いますよ。畑は毎日何かしなければいけない。細かい作業がいっぱいあるんです。だから、この辺で畑をやるのは、家にずっといるお母さんや、おばあちゃんの仕事になることが多いんです。

話は米づくり戻りますが、苗を作るための苗代を作るのも大変で、最近では、苗を買う農家が

＊2　山を切り開いたり、その土を盛ったりしてできる人工的な斜面のこと。

多くなりました。田植えもしない、いや、できない農家も多くなりました。だから、そういった苗づくり、田植えを生産組合に委託するんです。稲刈りも、稲刈り後の乾燥や調整が大変。米にするまで二週間はかかりますからね。忙しい時期は、お互いが助け合ってやります。それがうちの生産組合のスタンスです。

池田　なぜ、八一さんは田んぼを継続してやっていきたいと思われているのですか？

何といっても米づくりは基本なんですよ。生活の中にず～と入ってきているものなんです。だから、それを継続していくことは大切なんです。そうやって、若い人も残ってくれたらなあって思います。でも、生産組合の作業に出てくる若い人はほとんどいません。

うちも息子が都会から帰ってきていますが、田んぼは一切やらないんですよ。私が自営で仕事をしていて、田んぼ作業もしていて、ぶつぶつ言っていたのを小さい頃から聞いてるんですよね。だから多分やらないんじゃないかなあって思うんです。でもね、なぜか働いているところは農関係なんです。

僕自身は楽しいから農業を継続しているわけではないと思います。でも、昔からこういう環境の中で生活をしているから、こういうのどかな中で体を動かすのが好きなんだな、きっと。大変だけど、嫌ではない。どっか好きな所があるんだろうなあ……。そこは、はっきり分かりませんがね（笑）。

池田　最近、農業に携わりたいという「若い人」が多くなってきたようですが、そのことについて、どうお考えですか？

ここでは、「農業や米づくり」をやる前にこの地域に住んで、生活そのものの中の、生活の基本として存在する「米づくり」をやってほしいです。一人で農業をするのではなく、みんなで助け合いながら、みんなでやる農業としてやってみたいという人がいれば、まずは来てここの生活を試してほしい。だから「レンタルハウス」もやってるんです。

今、生産法人やいろいろなところで農業研修をやっていたりするが、本気で農業をやりたいという人以外は中途半端な気持ちでは来ない方がいい。農業はそんなに簡単なものではないんです。知識もいるし、やりたいという思いも必要。憧れだけでは続かないんです。

「レンタルハウス」は「生活の中の農業」と「山間地の生活」「集落の人との交流」を体験してもらうためにやっています。まずは、ここで生活をしてもらう。

レンタルハウス

そして、生産組合の手伝いをすることで農業に携わる。さらに、その中で自分の生活を確保するために何か仕事をする。そんなことを探ってもらい、それでここに住んでいけるかを試してもらう。そのための「レンタルハウス」です。

池田 農業をやることで一番必要なのは何だと思いますか?

パッと言われても分からないなあ……。体力はある程度なければだめですね。でも、普通の生活をしていれば大丈夫だと思いますよ。いきなり来た人は、要領がつかめないから余分な所に力が入っちゃうんですが、ここにいる人は、もうずっとやっているから、体の使い方を知ってるんですよ。だから、しばらくいれば大丈夫だと思います。そうじゃなきゃ、70歳を超すおじいさんが農業なんてできませんから。考え方にもよると思いますが、パッと来て、ちょこっとやるだけじゃ本当に疲れるんじゃないかなあ?

あと、農業はやっぱり一年に一回しか経験できないことなんですよ。だから、六年試したといったところで、六回しかやってないってことなんです。そういった時間的な流れも理解しないとだめですね。

池田 最後に、就農しようとしている人々に一言お願いします。

ここで、この地域で就農するということと、平場で就農するということは違います。まずは、どうやって生活をするか考えてください。それから、農業に関しての自分のやり方を探ってください。どういう農業がやりたいのか、自分で土地を持ってやりたいのか、個々の地域の人と同じような農業へのかかわり方をしたいのか、そこを考えてください。それが分からない場合は、とにかく一年間ここで生活をしてみて、地域に溶け込んで、地域の人と一緒に暮らして、探ってみてください。ここは、生活の中の農業です。思ったような農業への携わり方ができるかどうか、まずは試してみることが大切だと思います。

＊＊＊

生活の中にある「農業」「米づくり」なんですね。山間地ならではの田んぼの状況や、暮らしの環境が農業に影響しているようです。機械と人足の共有とでもいうのか、昔ながらの「助け合い精神」が今もなお現代風に続いており、地域を守っている。そんな温かみを感じました。


【レンタルハウス飛渡（とびたり）】

水落八一さんが運営する「中・長期お試し滞在施設」。

詳しくはホームページを（「レンタルハウス飛渡」で検索してください）。

所在地　新潟県十日町市中条丁２９４５　☎０２５-７５９-２１４０
生産組合としてお米の販売もしています。

三ヶ村生産組合ホームページ　http://sankason10.web.fc2.com/

いきいき三ヶ村メンバー・加工販売部門
（三ヶ村いきいき館）

水落《みずおち》久夫《ひさお》さん〔54歳〕　フミ子さん〔52歳〕

●キーワード　地産地消でお小遣い稼ぎ

久夫さんは市役所にお勤め。フミ子さんはプールや集会所などでお年寄りのスポーツ・インストラクターをやってらっしゃいます。久夫さんのお母様がご健在で、娘さんも一緒に住んでいらっしゃいます。個人で米づくりをしており、個人で販売もしていらっしゃるそうです。

そんなお二人は、今度自宅の倉庫を改築し、加工所を作り、地域の人達と加工食品の販売を目指していらっしゃいます。現在、米づくり、加工所改築、加工食品の商品開発にとてもお忙しい中、お仕事が終わり夕食前の時間にお邪魔し、お話をお聞きしました。

池田　久夫さんにとっての農業を教えてください。

勤めていると、（農作業で）やりたいことができないこともあるけれど、ここら辺の農業は専業では難しいから、兼業じゃなきゃ無理なんだよなあ。大変だけど、勤めているだけじゃあ精神的に満足しない。昔は、農業なんて嫌だなあって思ったこともあったけど、今は楽しいですよ。作業をやってても楽しいし。

それはね、うちには顧客さんがいてその人たちとの交流が楽しいからなんです。単価は、他で売ってるより高いと思いますが、顧客さんに応じて5kg、10kgで送ってあげてるんです。時期になれば、山菜やお餅も送ったりするんです。そうするとね、お客さんから向こうの産品を送ってくれるんです。確かに手間はかかるけれど、それを惜しんでたら駄目なんだよね。

こういった「人と人とのつながり」が楽しいから、作業も楽しくなってくる。草を刈らなかったら、農薬をまかなきゃいけなくなる。そうじゃなくて、草を刈れば農薬をまかなくて済む。もちろんそれで、送った野菜の中に虫食いが入ったり、カメムシの被害にあった米が混ざったりすることもあるけれど、今は農薬をまかないことを求めている時代だから、ちゃんと説明すると分かってくれるんです。それは、お客さんとの付き合いがあるからこそ分かってもらえると思うんです。

前にね、お客さんの中で一年うちの米を買うのをやめた方がいらっしゃったんです。ところが一年後にまたうちと契約するようになったんです。それに、一度不作のとき、よそで買ったお米を送ったことがあったんですが、「味が違う」ってすぐクレームが来たんです。びっくりしちゃいましたね。我々では味の違いなんてそんなに分からなかったから。だから、うちのお米はおいしいのかな？って思ったりして……。

生産組合の中では、作り方を統一して味を統一した方がいいって話も出ています。それぞれの家でこだわりの作り方をしているから難しいんですよね。しかし、生産組合ではカメムシがつかないように、ヘリコプターで頼まれた田んぼは一斉に防除するんです。うちが、個別で販売ができるのは、うちの田んぼがたまたま隔離されている場所にあるからなんです。隔離されているところに、田んぼがある家は防除[*3]しなくなってきましたね。

池田　若い頃は、農作業は嫌だったとおっしゃってましたが、農業をやめちゃおうという気はなかったんですか？

やめちゃおうとは一切思いませんでしたね。勤めながらやった方が、生活が安定するかなと思っていました。その頃から、ここに一生住むつもりだったのでやめちゃおうとは思いませんでした。もちろん、赤字だけど、田んぼも畑も、ずっとここにあるものですしね。畑は、毎日手をかけないといけないから、年寄り（久夫さんのお母様）が今はやっています。

田んぼは楽なんですよ。手をかけないでもそれなりにできるから。もちろんかければかけたほど、いいお米はできますけどね。

＊3　生物による害を防ぐため、農薬の散布などをして、その進入の防止・個体数の管理などを行うこと。

池田　やっぱり防除することは必要なんでしょうか？

うーん、そんなに必要じゃないと思うよ。昔は農協や行政が一緒になって、農薬の使い方や使う量とかいろいろと指導していたんですが、そのときから「本当に全部使わなきゃいけないのかな？」と思うこともありましたね。肥料をまけば収穫量が上がるけど、肥料のおかげだからそんなにおいしくないし。

でも昔はやっぱり、いもち病[*4]に強いように品種改良もされていなかったし、農業と出稼ぎで生活を支えなければいけなかったから、それなりに収量を上げなければいけなかったんだね。防除して肥料をまけば、病気にならず、収量も上がったから。

池田　防除はしなければ、農協や市場に出すことはできないんですか？

そういうことはないよ。だけど、しないと結局は収量が上がらないから、収入も少なくなっちゃうでしょ。「防除しない」ってこだわって作れるけど、量が取れないからそんなにお客さんを増やすことはできない。でも、こうやって顧客ができれば、個人で販売するほうがよっぽど収入になると思う。

＊4　稲に発生する定型的な病気のひとつ。いもちが発生した田んぼでは、大幅な減収とともに食味の低下を招くことから、古来から最も恐れられてきた。

でも、最近味が落ちたと思います。どうも、基盤整備もして土が変わったみたいです。それに品種改良されたから、味が変わってきた。私は、そう思います。

品種改良された稲は、いもち病に強い米と、コシヒカリをかけ合わせてできたお米なんです。だから、改良された稲に農薬をまくのは、おかしいことなんですけどね。

池田　一年の中で、一番農作業が忙しいときはいつですか？

〔久夫さん〕今だね（四月〜五月）。田植え前の田んぼの準備や苗の準備があって、忙しいねぇ。一度植えちゃえば、水を見たり草を刈ったりしなきゃいけない……。草刈も一ヵ月に一回やればいいんだけど、のり面が多すぎてそんなにやらないかなあ。だから、そんな一日中やってなきゃいけない作業はないからね。昨日は一日畑で石拾ってたら、もう体中が痛くて（苦笑）。

〔フミ子さん〕やっぱり子どもの転機が重なる春かなあ。田んぼ作業も始まるし、山菜も出てくるし。そういえば、今年はまだ一回も山菜とりに行ってないなあ。山菜は取りたいし、食べたいし、貯めたいし、漬けたいから、山菜とりは大好きなんです。私は、ここ最近になって山菜とりを始めたんですけど、いいのを見つけたときや、みんながとってないものが取れたときなんて、本当に嬉しいですね。

池田　忙しくなくなると、農業に関する地域の祭りとか行事はあるんですか？

農業にまつわる祭りっていうのはないね。子どもの頃は田植えが終わるとぼた餅を作ったり、稲刈りが終わると新米を食べる行事があったりしたけど、今はないなあ。父親が子どもの頃は、春祭りはあったみたいだよ。

昔は集落ごとに、鎮守様のお祭りがあって、親戚ごとに呼ばれて今日はあっち、明日はこっちって行き来が多かったんだけど……。それが行き来することや、ごちそうをその度に作ることが大変だってことになって、今は八月二十五・二十六日と十日町（旧十日町市）全体が統一されてしまったんだ。

子どもの頃は、あっち行ったり、こっち行ったりするのが楽しかったんだけどね。それに、芝居が行われたりしてね。奉納の芝居だね。うちにも役者さんが泊まった覚えもありますよ。これは、お盆の祭りではないから、秋祭りに入るんじゃないかな？　今では、出し物をしたり芸能発表会みたいになってるけど、あれはもともと奉納のために行われていたんだと思う。だから「祭り」は「祭り」じゃなくて「奉り」なんだろうなあ。

昔はそういう「お奉り」がたくさんありました。元日には「はがため」というお祭りがあり、二日は「囲炉裏《いろり》の神様」を奉り、三日は「釜神様」を奉る。でも今は全然やりません。大晦日と、一日のお昼にやる「年取り」ぐらいですね。鍵かけてね。昔は、大晦日だろうが「集金」が来ていたんだそうです。「年取り」のときぐらいは来ないでくれってことだったみたいですよ。

それからそうそう、小正月には「からす呼ばわり」っていうのがあって、大根の白和えと、ワラビとこんにゃくの白和えを作って、皿に盛って外に出すんです。それを、カラスに食べさせてあげるかわりに、農作物には悪さをしないでくれって頼む行事なんです。そう考えると、一年中を通して何かしらそういう行事はありましたね。

池田　「農業」と「生活」というのは切っても切り離せない関係のように思えます。一方、「仕事」は違う次元にあるような感じがするのですが。

自然そのものが生活であり、糧であったんです。今でも現代風にはなっていますが、そうですね。

やっぱりやらなきゃいけないことは一生懸命にしなきゃいけないですし、必要ですが、仕事って、結局はお金を稼ぐ手段だと思います。だから生活の基盤である地域で何かあるときは、仕事を休んででも行く。我々の世代はみんなそう思ってますが、若い世代はどう思ってるんだろう？農業だけで暮らせるのであれば、無理して働きに出る必要はないと思うんです。でも、当分無理ですね。自給自足でやれるんだったらそれでいいんだろうけど、お金を稼ごうと思ったらだめです。現金を得ようと思うんだったら、ここで米だけでは無理。大金持ちになろうってわけじゃないんですよ。でも、子どもを育てようと思ったら、お金が必要なんですよね。昔は、教育費にそんなにかからなかったんですけど、今は違いますからね。

退職すれば、農業だけで生活を成り立たせないといけなくなりますけどね。

池田　今後は、加工を始めると聞きましたが、どのようにしていきたいですか？

〔久夫さん〕自分たちのところで余ったものを、私たちが加工して売って……儲ける必要はないから、加工に携わった人に日当が払えて、維持費が払えて、産品を提供してくれた人にもお金も渡せて……っていうふうになっていけたらいいと思います。そうするだけでも、地域の人に張り合いが出ると思うんです。

とはいえ、顧客をつけなければいけない。ただやみくもに作って、何にも売れなかったってわけにはいかない。売るためには、お金では買えない「付加価値」をつけなきゃいけない。

〔フミ子さん〕今はまだ若いから、勤めたり、どこにでも行けるけど、あと十年たったらどうなるんだろうって思ったとき、ここで何かできることがないかなって思ったんです。少しでも、自分のほしいものが買えたりするお金って大切でしょ？　だから、ここで、ここにあるものを使って、少しでも収入が得られれば、それが一番いいのかなって思ったんです。今しか動けないし、今だから動けると思うんです。だからこそ、若い人もどんどん入れてつなげていきたいですね。

（右）ウド
（左）うりっぱ

若い人や、よその人の意見って大切ですよ。ああそういう見方もあるんだって思ったほうが得だと思いません？

池田　「付加価値」はどうすれば見つけられると思いますか？

〔久夫さん〕それは、私は「人と人」の中で見つかると思うんです。だから、いろいろと出て行って売ってみたり、話を聞いてみたりすることって必要だと思う。そういう機会があるんだったら、仲間全員がそのチャンスを生かして、売ってもらいたい、行ってもらいたい。そうしないと、その目に見えない付加価値の意味が分からないと思うんです。

やっぱり、人と出会って、人に言われたことは、とりあえずやってみないと分からないから、やってみる。作ってみる。そうすると、忘れていたことや、新しいアイデアが浮かんできたりするんです。そういうことが大切なんです。それが「付加価値」になってくるんですよね。

〔フミ子さん〕この前も、野菜を作って直販する話が出ていたけれど、規定の農薬を使わないと売れないとかって、仲間の中で話が出たんですよね。でも、売り方やネーミング次第で売れるって話を聞いて勉強になりました。「無農薬」とまでは言わないけれど、「目指せ！　無農薬！」の気持ちが大事だと思う。

〔久夫さん〕時代の流れも、変わりすぎるほど変わりすぎているから、昔のように同じ形で、同じ大きさのものしか作らないっていう考えでは駄目なんですよね。むしろ、大きさが違ったり、曲がっていたりしたほうが求められている。だから、売り方次第でどんどん売れるってことが分かった。その「売り方」が問題だけど、目指しているところはそこですね。

地元の人が、その土地で作った安全な産品を売り出す。安心・安全・地産地消商品。そういった「付加価値」をどう売りだすか。売り出し方も「付加価値」になるんですよね。

池田　今一番の課題は何ですか？　また、これからどうしていきたいですか？

〔フミ子さん〕軌道に乗せるための準備ですね。今は商品開発に一生懸命ですね。大変だけど、今頑張んなきゃいつ頑張るの？って感じです。仕事が終わって、ごはんを急いで食べて、集まって話し合いをすると、なんだかんだといろいろな意見がたくさん出てくるんです。そうすると、楽しくなってくるんです。一人で考えていても駄目なんです。同じ目的を持っている人が集まって、あれやってみよう、これやってみようって意見が出てるから、いい方向に向かっていけるんだと思います。

上から、ぜんまいの煮物、わらびの酢漬け、野菜のたまり漬け、うどの油炒め。これらの郷土料理を「商品」として売り出すために、味の統一や見せ方などのパッケージングを試行錯誤しています

今は特に忙しい時期ではあるんですけど、とにかく早め早めに動いた方がいいものもできるし、楽になると思うんですけどね。

〔久夫さん〕加工した商品を外で売ったりするときに、この地域で個別に販売している人たちのPRもできればと思ってます。それと、どんなことがあっても後ろ向きに考えてはいけないと思います。とにかくやってみて、進んでみる。そうじゃなきゃ、何もできないと思うんです。

〔フミ子さん〕ゆくゆくは、この事業を大きくしていきたいなと思います。販路が見つかって軌道に乗ったら、ここでなきゃ手に入らないものを使った食堂も始めたいなと思います。大きい夢でしょ？　でも語ってれば本当になるかもね！　もちろん、ちょこっとずつ行動に移していかなきゃいけないんですけど（笑）。

＊＊＊

久夫さんもフミ子さんも、十年後、二十年後のことを考えて、自分たちに今できることを一生懸命やってらっしゃるんだなということをひしひしと感じました。とにかく、それに向けて今、いろいろ試したり、集まって話したり、そして外の人と会って話を聞いたりすることがとても楽しいそうです。「目に見えない付加価値」それは、皆さんで見出していかなければいけないことですが、それさえも、このお二方の笑顔を見ていればもうあとは「売り出し方しだい」のような気がしてきました。

最後にひとつ、やっぱり「農活」ですので、このことについては、しっかり聞いておきました。

池田　最後に、就農しようとしている人たちに一言お願いします。

〔久夫さん〕農業は一人でも多くの方にやっていただきたいですが、どっかの企業が就農者を募って、ボーンと送り込んで、体験をするようなのは駄目ですね。とにかくここに住んで、自然と一緒になりながら、農業を一緒にやっていくのなら大賛成。まずは、地域に入って、自然を知って、そこの農業を知って自分の農業のスタイルを見つけてやるんだったらいいと思う。加工に携わるのもひとつですね。どのみち、農業と加工、山の生活と農業は一体化しているから、そのつながりの中でやってくれればと思います。ここでの農業は、ただ米を作って売って儲けることができるという単純なものではないんです。

〔フミ子さん〕人にもよるし、場所にもよるし、難しいところだね。この地域に関しては、そんな広大な土地があるわけじゃないし、そんな中でよその人を雇ってやってもらっても、果して満足してもらえるかって思うと、首をかしげちゃうね。通いで農業をするっていうのは、ここでは無理でしょうね。やっぱりここに住んでもらって、ここの農業を知ってもらわないといけないって思いますね。

＊＊＊

いきいき再生会のお二組からお話を聞き、①自然がまずあり、②その中に農業があり、③そして生活が成り立っている、ということを強く感じました。また、中山間地だからこその知恵と苦労、そして暮らしがそこにはあり、昔から受け継がれてきたすべてのものを今の形で受け継いでいこうという姿勢。

時代が変化するたびに、国の政策も変わり、それで翻弄される部分はあるようです。また、それに合わせてどうしようもない矛盾や苦労もたくさんあるかと思います。それでも、お二組は「大変だけど、大切だから」という思いがあり、何よりそこからそれぞれの「楽しさ」を見つけていらっしゃることを感じました。

生産組合は、加工販売部門の人たちのために、今年は野菜づくりを始めたそうです。今まで米しか作ってこなかった八一さんは、頭を抱えていらっしゃいました。それは「モノづくりの大変さ」をよくわかってらっしゃるからです。一年目にして商品になるようなものは作れない。一年目はとにかく勉強と、試行錯誤の連続だといいます。経費ばかりかかって、お金にはなりません。どこまで準備が必要なのかも分かりません。本などから得た知識だけでは計り知れないその土地の「自然」を相手にしなければいけないから、教科書通りにはいかないのです。この土地にはいらない準備と、この土地だからこそ必要な準備もあるはずです。だからこそ、八一さんは「一度住んで自分の農業を探ってほしい」と、強くおっしゃるのです。

加工部門では現在、郷土料理として親しまれてきたこの土地のものを、いかにして地域外の人が買ってくれるか試行錯誤の連続です。こちらでは「当たり前」の味付け、大きさ、単価では地域外の人には買ってもらえないことが最近分かったといいます。そして、地域外の人に提案されたことはまさに「目からうろこ」だったとおっしゃっていました。そして、ネーミングやパッケージをどう工夫するのか？　それらによって、インパクトが違い、お客様が手に取ってくださるか、そしてお金を払って買ってくれるか、何より、それを求めてここまで足を運んでもらえるか、それが一番の悩みだとおっしゃいます。しかし、その「悩み」を話されているお二人は、始終笑顔でした。

自然＝農業＝暮らしの中で、農業の中には加工も入る。すべてが一連の流れだとおっしゃったお二組。それはひとつの文化であり、今後も時代とともに形は変えながらも受け継がれていくべきものなのではないか。そう強く感じました。

さて、八一さんも久夫さんも「農業をするんだったら、まずこの地域に住んでみて、どういう農業がしたいか探ること」が必要だとおっしゃいました。ここで、八一さんが行っている「レンタルハウス」に1年以上滞在した青年の話を掲載しようと思います。

彼の名前は中島弘智さん（30歳）。彼は、横浜出身で今まで一度も「農業」というものに携わったことがありませんでした。サラリーマン生活をする中で「このような生活を続けていていいのだろうか」と、ふと疑問に思い自然の流れに身を置いてみる生活を一度してみたいという思いから、仕事を辞め「レンタルハウス」での生活を決意。この一年間、三ヶ村生産組合の手伝いや、近くの生産農家へ手伝いに行ったりと、「農業」というよりここでの「生活」にどっぷりつかって生活を送ってきました。

彼の体験を通して感じたことは、長期滞在ならではのところがたくさんあります。彼の言葉をヒントに自分の「農業スタイル」を探っていただけたらと思います。

【三ヶ村いきいき館】 代表 水落フミ子
所在地 新潟県十日町市中条丁3156
山菜加工品の販売をしています。

【いきいき三ヶ村】 代表 桜井守
所在地 新潟県十日町市中条丁3215
電話 025-752-5411
メール como@snow.plala.or.jp
交流イベントも行っています。

レンタルハウス体験者
中島弘智《なかじまひろとも》さん〔30歳〕

●キーワード　長期滞在体験

レンタルハウスでの生活を通して
――農業より、農業に携わる人との出会い

池田　そもそも、なぜ「レンタルハウス」で生活をしてみようと思ったのですか?

生まれてから今までずっと、こういう自然の中で暮らすということがなくて、ただたんに「知りたいな」と思ったからです。普通に「体験」で来るだけじゃ「暮らし」が分からないから、本当に暮らしてみようと思ったんです。

行くなら山の中に行きたかったし、自分たちで作ったものを自分たちで食べている人たちと出会って、話がしたいなあという気持ちが強くて、ここに決めました。僕は、どちらかというと農業をしている人に興味があって、農業自体に興味があるわけではなかったんです。農業をしている人の考えや、感覚や、人間性にひかれるものがあって、実際に作っている人たちは個性的な人たちが多くて、そういう人たちに憧れがあったんです。

農業をしている人たちって、作物を作るだけじゃないし、大工もやらなきゃいけないし、土建もやらなきゃいけない。よく八一さんが「農業は百姓だ」って言うんですけど、本当に百の仕事をしなきゃいけないでしょ？　それが、すごいなあと思います。

池田　「農業をする人」に興味があったといっても、よく仕事をやめて、収入もなくなるこの生活をすることに決めることができましたねぇ。

まあ、何も考えてなかったといったらそれまでですけど……。そんなにあまり深刻に考えていませんでした。なんとかなるだろうと思ってました。きっと深刻に考えていたら、来れなかったでしょうね。それに多分、50歳や60歳になってからじゃ来られないと思っていたし、家庭もまだ持ってないし、前の仕事の貯金もあったので「行くんだったら今だ」って。

でも一番の決め手は、長期滞在をする前に一度こちらに来て、八一さんと話をする中で「あ、ここでなら一年やっていけるな」って思ったんです。

池田　ご家族からの反対はなかったんですか？

ありましたね。親は、「何を考えてるの？」って言ってました。でも、僕は昔から一度決めたらやってしまうので。それに僕は、学生のときからしょっちゅう海外旅行にも行っていたので、最終的に親は「日本国内だからいいか」と折れてくれたんだと思います。今は「いい経験してるね」って言ってくれます。

池田　実際に来てみてどうですか？

正直なところ「分からない」です。

この前も、近くの集落にお嫁に来た方と話していたら、その方は「二十年以上ここにいて、ようやくここのことが分かってきた」とおっしゃっていました。本当にそうだと思います。

農業の一年間の流れや、集落の人の名前、屋号などは分かってきましたが、そこから何かをしようとか、何ができるとかは全く分かりません。去年との比較から、「じゃあ、今年はこうかなあ？」とか「こうやってみようかなあ」と思えるようにはなってきましたが、まだまだ分からないことだらけです。「自然」と「人」の流れと「生活」についていくのに必死で、一年なんてあっという間に終わってしまいました。流れがなんとなく分かっただけです。

「農業」が分からないのではなくて、全体を通してまだまだ分からないことだらけなんです。良い所も、悪いところも……。特に、嫌なイメージはないんですけどね。分からないことだらけでも、分かっていくことが楽しいです。分からないことを地域の人に聞くと、いろいろ教えてくれるし、そこから話が広がったりもします。もっともっと深く関わっていく中で、嫌なところとかも見えてくるかもしれませんが、今はまだまだ「分かること」が楽しいです。

（上）箱苗と中島さん
（下）苗の成長を見に来た地域の人と話をする中島さん

池田　ところで、一年間何をして過ごしていたんですか？

他の集落の農家さんのお手伝いをしていました。そこは、ユリの栽培と野菜の栽培をしていたので、夏場はずっとそっちに行ってました。一応そこでは「研修生」という形で入っていました。作業自体は、正直しんどいですね。稲の苗も重いし、草取りも一日中したこともありました。でも、終わった後の「ああ、働いたなあ」っていう充実感がいいですね。あと、休憩中の話とかも面白かったし。僕自体、まだ農業で生計を立てることをしていないし、手伝いで行っているだけに「点」としてしか携わっていないので、収穫する喜びや自分の育てたものが売れるという喜びは分かりません。

池田　前の仕事と全く違うことをしていて、体力的にはどうでしたか？

大丈夫でしたよ。一年間怪我もないし、病気もしなかった。正直、ストレスもなかったし、行きたくないなあってこともなかった。まあ、僕は責任がある仕事をしていなかったってこともありますけどね。

作業はきつかったんですけど、嫌だとは思わなかったなあ。やっぱり僕は、農業をしている人を見ているからなんでしょうね。「人」に興味があるから、一人でず～っとやり続けることは無理だと思います。

作業中でも隣に誰かいて、話をして、作業中に出てくるひと言ひと言の言葉が面白かったり、発想が今までの僕の中では全くなかったことだったりして、それが面白いんです。だからストレスもなく、作業も苦もなくこなせたんだと思います。

池田　今後はどうしていきたいですか？

一年間は「経験」としてやってきたんですが、今岐路に立たされていて、本当に不安はたくさんですね。自分の生活の基盤を考えていかないといけないですよね。

できれば農業生産法人に勤めたいとは思っています。いろいろな人が、いろいろな側面から農業に携わっていて、その中で働きたいなあと思います。そこで僕が今まで経験したことが、うまく発揮できて、作物も育てられれば面白いなあと思っています。一人でやろうとは思っていません。やるとしたら家庭菜園ぐらいでしょうね。一人でやれば、それなりに楽しさもあると思うけれど僕には合ってないと思います。

とはいっても難しいですけどね。法人もいろいろあって内容もそれぞれ違うし、作っている作物もやり方も、こだわりも違います。しかも常時雇用が難しい。雇用自体はしているところはありますよ。事務員を求めていたり、販売関係を求めていたり、作業員のみを求めていたり。でも、僕は作業だけではなく、僕自身の今までのすべての経験が生かせるようなところがいいなあと思ってるんです。自分に合った法人を見つけるのは難しいです。

新規就農するにはよっぽど先を見越して、経費も考えてやっていかないと難しいと思いますし、ある程度、自分なりに何かないと、続かないと思います。いきなり農村に来て、やっていくのはかなりリスクがあると思いますよ。地域とうまくやっていけるか？という問題もありますし。

給料的には、法人に勤めるのは都会と比べると低いですが、ここで生活をするんだったら大丈夫だと思います。もちろん生活の仕方次第だとは思いますが、都会よりは出ていくお金は少ないですからね。

＊　＊　＊

人生の岐路に立っている中島さん。「農業」というものに憧れて来たのではなく、「農業をやっている人」に興味があったと言い切るだけに、そういう人たちと知り合い、自分の経験も生かせる農業生産法人に勤めたいとおっしゃいます。この取材は、三ヶ村生産組合の苗床の前でしたのですが、取材中に何人もの農家の方が苗の様子を見にいらっしゃいました。そのたびに彼は、近くに行き話をしていました。苗の成長の様子、天気の様子、田んぼの進み具合、そういった話をしながら地域の方と笑っていました。昨年、こちらに来たばかりの時はそんな話はできなかったといいます。一年過ごしてようやく、そういう会話ができるようになり、そこからまた話が広がることがまた面白いといいます。そして、目のやりどころが変化したと言っていました。他の田んぼの成長具合が気になると。

農業をやりたくて来たわけではないけれど、結局そっちの方向に動いている中島さん。農業とは、「作物を作るだけじゃない」と言い切ります。地域や環境を含めて「農業」だと。栽培する上での「環境」を楽しいと思えなければ、単なる「作業」で辛くなるだけ、と。そして一番大切なのは「地域の人と仲良くなること。地域の中で自分が生活できるかを知ること」だそうです。一年間の経験が、彼にそれを教えてくれたのではないのでしょうか。それでも彼は、何度も「まだ分かりませんけどね」と始終笑顔で話してくれました。

実は、この取材のあと、「白羽毛《しらはけ》ドリームファーム」での就職が決まったと連絡が来ました。「白羽毛ドリームファーム」については、次の項でご紹介しますが、中島さんの決め手は「農業の現場で働ける」「自分の今までの人材ネットワークを利用して、販売促進や宣伝活動などに携わることができる」そして、「白羽毛ドリームファームの従業員みんなで作業ができる」と、言うことだったようです。「白羽毛ドリームファーム」にとってはやはり「一年間この地域で生活してきた」ということが採用の大きな理由だったようです。

これは、稀な例ですが、地域に住んでいることによって、道が開けることもあるということでご紹介しました。

Column 2

〔コラム〕 農業体験で、畑仕事を体感してみよう

年々高齢化が進み、お年寄りがのんびりと従事しているイメージを持たれがちな農業。

「あれなら私にもできそう」

なんて、一度も畑に出ずして思っている人はいませんか？

足場の悪い畑での農作業は、慣れない人には足腰への負担が大きいものです。就農を真剣に検討する前に、一度は実体験できる機会を持ってみてはいかがでしょうか。

農業体験は、政府や行政・NPO法人が募っているものを始め、一般企業主催のものや、個人農家が直接開催しているものもあります。作業の種類や重さなどもさまざま。事前に内容を確認して、自分の関心にあったものを選んで参加することをおすすめします。

二〇〇八年度に実施された農林水産省「田舎で働き隊！」事業に参加したお一人、矢島智香さん（38歳）に、参加されての感想を聞いてみました。


「私自身はこれまで内勤の仕事が多かったので、農作業はすごく新鮮でしたよ。

内容としては、シーズン終盤に畑に残っている大根を掘り起こして、更地にする作業。肉体労働ではありましたが、正味三時間ほどの体験だったので、文字通り〈体験〉をしてみたという感じ。きっと本当に農業を仕事にするとなると、もっとハードなんだろう

「田舎で働き隊！」農業体験風景

なぁとは思いますが、自分が畑に出向いて体験してみたことで、何となく農業に対して親近感を持つようになったことがよかったと思います」

これまで外から眺めるだけだった畑に入って、畑の中からの視点を体験してみること。体力面以外にも、農業体験にはさまざまな意義があります。農家主催のものであれば、現役農業者の方の話を聞けるチャンスもあるでしょうから、そういったものを狙ってみるのもいいでしょう。

また、数時間の体験からもう少し踏み込んだものとして、ボランティアとアルバイトの中間形態である「ボラバイト」に参加してみるのもいいかもしれません。収穫シーズンなどの農繁期だけ、有償で農家の仕事を手伝いにいくものですが、収入を一番の目的とするのではなく、そこで得られる経験を価値と考える、新しい労働の形として広がりつつあります。

そこでは、参加者はゲストではなく労働力。一日限りのことが多い農業体験よりも、できる仕事に幅や深みがあるでしょうし、住み込みが可能な案件だと、農家の生活を朝から晩まで経験できることもあります。こうした機会で得たものから、農業生活をより具体的にイメージできるようになり、自分に適性があるのかどうか、また農業が自分にとって本当にやりたい仕事なのかどうかを見極める材料にもなるでしょう。

何となくのイメージのみで安易に農業研修のドアを叩く前に、農業体験やボラバイトでまずは畑仕事を体感してみましょう。インターネット上でもよく募集されていますので、お近くのものを見つけたら、ぜひトライしてみてください。

（小豆佳代）

集落の田んぼを守るために
――(有)白羽毛《しらはけ》ドリームファーム

十日町市の南に位置する旧中里村の白羽毛集落。越後湯沢から十日町市へ抜ける国道353号線沿いに、その集落はあります。集落の入り口には、白羽毛集落の有志「あぜ道会」が作った手作りの看板があり、人々を出迎えてくれます。その南側には信濃川の源流「清津川」が流れ、その両側に河岸段丘が広がります。そんなのどかな地形を持つ白羽毛集落に、田舎では珍しく「脱サラ」をして集落の田んぼを守るために農業生産法人を立ち上げた三名の「若者」がいます。法人の名前は「有限会社　白羽毛ドリームファーム」。法人を立ち上げて今年で丸三年。昨年には「自分たちが年をとったときに、この白羽毛ドリームファームがさらに継続してくように」と、さらに集落内の若い青年を雇用しました。

そんな皆さんの農業に対しての思い、そして集落や地域に対する思い、今後の展開について主に宣伝・事務担当の樋口徹さんにお話を伺いました（もちろん重要なところは、お三方からお話を伺いました）。

有限会社白羽毛ドリームファーム

（写真左から）

代表取締役　樋《ひ》口《ぐち》利《り》一《いち》さん（50歳）

農具職人　樋口元《もと》一《いち》さん（48歳）

白羽毛米職人　樋口徹《とおる》さん（41歳）

●キーワード　農業と土地の担い手

池田　なぜ、会社を辞めてまでして白羽毛ドリームファームを設立したんですか？

〔利一さん〕自分たちで作ったお米を、自分たちで売りたいというのが一番の思いかなあ。勤めながらの農業が大変だったっていうのもあるんだけど、やっぱりそれが一番の動機だな。

今の農家はどこでもそうだけど、跡取りがみんな外に出てったでしょ？　でも、うちらが子どもの時はもう、嫌でも親の後を継がなきゃいけなかった。俺も、嫌だと思ったけど、今は自分の子どもや若い人が、うちらが今やっていることを楽しんで、自分たちのためになるから後を引き継いで、自分たちの土地を守ってくれないかなあと思っています。

若い頃は遊びにも行きたいし、親の手伝いっていうのは嫌だった。でもいろんな仕事を任されるようになって、責任が出てくると、だんだん楽しくなったんだ。ただ、やらされているだけだったら面白くもなんともないけどね。

〔元一さん〕僕は農業が好きだったからですね。親父が生きてる時も自分で肥料とか計算してまいて、親父には「水見[*1]しか手を出すな」って言ったりして。会社勤めの時から、朝早く起きて、田植えして、急いで朝食を食べて会社に行ってたけど、嫌じゃなかったんだよね。で、親父が亡くなったとき、農業をやめようかとも思ったけど、せっかく親父が今まで頑張ってきたんだし、それだったらサラリーマンをやめて農業をやろうと思ったんだ。奥さんには、「サラリーマンの方が気楽だから、農業は他の人に頼めば」って言われたんだけどね。

でも、子どものことを考えたら、母親も父親も働いていて、学校から帰ってきても誰もいないっていうのは何かねぇ……。子どもと一緒に過ごす時間をもっと持ちたいなあって思ってね。今も遅くまで田んぼに出てるけど、「お父さんはそこにいるんだ」っていう安心感があるみたい

＊1　稲の発育に合わせて、田んぼの水の量を管理すること。毎日田んぼに水を見に行くことから、この管理作業を「水見」というようになった。

なんだ。同じ地域でやってるからね。

で、農業やるにしても、一人でやると採算が合わないし、集落の農家もどんどん高齢化していってるから、休耕田や荒れ地がどんどん増えていく。こういう中で、だれかがしなきゃいけないなって思っていたんです。それで、二人に声をかけて、どうなっていくか分からなかったけど、始まったんだ。

〔徹さん〕僕は何よりも、集落を、白羽毛の田んぼを荒らしたくなかったんです。今の頑張っている世代、つまり親の世代がダメになってから田んぼを受け継ぐより、今から受け継いだ方が

（上）白羽毛田んぼ雪解け
（下）白羽毛代掻き

いいし、その時になったら会社もやめられないと思ったんだ。三人でちょうど飲んでいる時にそういう話になって、「じゃあ、やめて、田んぼやるか」って。それが、平成十七年の夏でした。

それからは早かった。すぐに家族に話をして、秋にはみんな辞表を提出していました。次の年平成十八年三月に退職して、四月からドリームファームの事業が開始されました。一月から有給をいただきながらの設立準備は分からないことだらけでした。二ヵ月で登記の準備や、いろいろしたんですが、すべてが手探り状態で、かなり悩みました。

池田　家族からの反対はなかったんですか？

〈利一さん〉もう、うちは大反対。今でも大反対。まだ子どもが小さいからね。時間がなかなかとれないでしょ？　だから、じゃないかな。でも、まあ、それはずっと見てれば分かってもらえると思うんですけど。

会社勤めだったとしても、週末は農業してたから時間は取れないんです。でも、会社勤めは、決まった時間に帰ってこれる。今はそれができない。忙しい時は特にね。でも、全部専業でやってると、時間を見つけることもできるんです。計画を自分で立てられるんだから。

子どもは、ドリームファームを設立した年に生まれたから、会社勤めの時と今の子育てとでは比べられないよね。奥さんは、「時間が大事だ」って言うけど、まあ、農業も時間が大事だからね。今も反対だけど、これで飯食ってるから、徐々に説得していくしかないね。

〈元一さん〉うちは一切反対されなかった。お父さんの好きなことしていいよって。

と言うのは、今までの仕事は農協で農機具の修理をやってたけど、農業が忙しい時が一番忙しかったんです。休みも一切ないし、毎日残業だし。そんな中で、自分のうちの田んぼもやってたわけだ。そういうのを奥さんは見ているのがつらかったらしい。いくら俺が農業が好きだからやってるったって、疲れれば無口になるし、イライラもする。そういう姿を見てて、ある時「人に任せてもいいんじゃない」って言ってきたんです。最終的に「俺が農業をやって、会社を辞める」って決めたら「それがいい」って。

〔徹さん〕嫁さんは、反対しませんでしたね。自分がやりたいことならやればってね。私が専属で農業をやれば、奥さんは自分の仕事に打ち込めるし、農業を手伝わないで済むから、その方がお互い好きな仕事に没頭できるってことなんだよね。親父は、集落の生産組織に入っていたからそこで任されている田んぼをすべて俺たちに任せたかった。でも、やっぱり組織の中には突然若造が「生産法人やります」って言っても「任せられない」っていう人もいて、二分させちゃったんだ。地域的に賛同する人と反対する人がいるってこと。でも、反対している人もそのうち、どうしても続けられなくなる時は来るでしょう。そういう人たちの田んぼも、いつでも引き受けますよって窓口は空けておきますよ。

会社からも反対はされませんでした。農協に勤めていたから、「農業の担い手になる」という俺を引き止めることはせずに、「やるなら頑張れ」と後押しをしてくれました。

池田　お子さんたちは、「農業をやっているお父さん」をどう感じているんでしょう？

農業体験に来た大学生たちに「指導」する徹さんのお子さん（6歳）

〔元一さん〕特に何も言わないね。息子は、時々アルバイトで手伝ってくれたりします。たまに「俺、お父さんのあと継ごうかな」って言うんだけど、俺は「ふざけるな。お前に継いでほしいなんて思っていない。お前はお前が好きなことを見つけて、それをやれ」って言ってるんだ。いろんなことやってみて、最終的にこの仕事が、農業が好きだってことだったらいいよ。でも、まだ中学生でそれを決めさせたくないんだ。一度外に出て、厳しさを知って、それで農業に帰ってくるんだったらいい。

でも、その時は俺じゃなくて、違う人に育ててもらった方がいい。農業だけじゃなくて、生き方もね。俺だってそうだったんだ。親から教わるだけじゃなくて、他の人に教わることが大事なんだ。

〔徹さん〕俺は、子どもの頃親の職業の欄に「農業」って書くのが嫌だったんだ。でも、おれの子どもはそうじゃないみたい。「お父さんの作るお米は、世界一おいしい」って食ってくれてるし。「だから残しちゃいけないんだよ。頑張って作ってくれてるんだから」って言うんだよね。

そうしようと思ったわけじゃないけど、これって「食育」だよね。

池田　「生産組合」と「生産法人」の違いを教えてください。

法人化しているか、していないかってことです。あとはやり方が違いますね。十日町市内の多くの生産組合は「個人の田んぼで手が足りない時にお互い助け合うため、機械を共有で使いまわすための組合」でしょ？

　うちは田んぼ作業をすべてを請け負って、そこでできたお米もすべて我々で売りさばきます。すべての作業を我々でやるから、お米の味が統一されるんです。多くの生産組合では、それぞれ個人のこだわりの米づくりをしているから、「生産組合」としてお米を売るにも味が統一されなくて難しいんだろうなあ……。

　でも、法人化するんだったらまず生産組合で、徐々に田んぼを請け負いながら、うちみたいなやり方をしていって、それから法人化するほうが、安心だろうね。

白羽毛米

池田　ところで、去年新人さんを雇用された際に、「先行投資だ」とおっしゃっていた皆さんにすごさを感じたのですが。

やっぱり自分たちの今後を考えたら、今のうちに新人を入れておいた方がいいと思ったんです。田んぼを任されてから、人を入れるのではなく、教える余裕があるうちにと思って。たとえば、あと二十年後に一人入れたら、自分たちが教えられるのは五年ぐらいなんです。五年って言ったら、五回しか米づくりできないんです。だから、今のうち。それに、どんどん受け持つ田んぼも増えていくからね。もちろん、俺らがいなくなったあと、彼と一緒にやってくれる人を徐々に入れていきたいんだけど、まだ無理かなあ。

本当は、彼にも田んぼの土台を作ってから渡してもよかったんだけど、一緒に苦労を共にした方が面白いと思うんだ。一緒に作り上げていく方が面白いでしょ？　俺らも三年間、本当にいろいろあったからさ。登記ひとつにしても何をどこからどう準備していいか分からなかったし、米袋はどうしたらいいかとか、どこのどういう人たちが自分たちの米を買ってくれるのかとかね。まだどうやったら人の心をつかんで販売していけるか、なんて考えながらやっている時だから、今から一緒にやった方が面白いでしょ？

池田　大変だけど、面白いってことですね。他にどんな苦労や楽しさがありますか？

〔利一さん〕作物は正直だから、かわいがればかわいがったほど答えてくれる。会社と違ってね。そういうところが楽しいよね。失敗したことも、成功したこともすべて楽しく思えてくるんだ。米づくりは一年に一回だけでしょ？　40から始めたって、三十回できるかどうか……。70歳の人に言われたことがあるんだ。「私は五十年やってるけど、上手くいかないことだってあるんだ。だから、お前たちだって、そんなに最初から上手くできるわけない」ってね。だからって、あと五十年も待ってられないでしょ？　今年で四年目だけど、もうそろそろ上手くできるようにならないと、経営が上手くいかないしね。

〔元一さん〕自由なところじゃないですか。仕事だとノルマがあるけど、田んぼだと自分の好きな肥料をまいて、豊作だろうが凶作だろうが誰も文句言う人がいない。上から抑える人が誰もいない。採れなければ、自分でショックを受けるけど。

好きなことをして生きていくことが一番楽しいと思うよ。サラリーマンよりプレッシャーを負うこともあるけど、それでも「自由」に自分の責任の中でできる。制限のない中で、自分たちのやりたいようにできる。だからって、採算の合わないことはできないけど。楽しくなきゃ、続かないでしょ？　その方が商売につながっていくんだから。

うちは化学肥料は使ってないんです。今は「きくぞうくん」って肥料を使ってるんだけど、これを法人を立ち上げる前に自分の田んぼで使い始めたんだ。それが一年目は収量を下げたんだ。「一年に一回蒔けばいい」って言われたから、その通りにしたんだけどだめだった。まだ、親父が生きてる頃で思いっきり怒られたなあ。

それが、次の年には収量を他より上げたんだ。で、「こりゃあいい」ということで、白羽毛ドリームファームを設立してから、請け負っている田んぼは、今全部これを使ってるんだ。人と

（上）「きくぞうくん」
（下）苗代づくり

違ったことをやってみて、それが自信につながってきて、楽しいんだよね。「ああ、何やってみても、自分が思ったことをやってみれば、それなりにできるんだな」って思ったね。周りに迷惑かけてまでやるのはいけないけどな。たとえば農薬まかずに、周りの田んぼまで迷惑かけるとかね。

〔徹さん〕やはり、すごいプレッシャーはありますよ。何がって、作ったお米が一年間持つか、はたまた余ってしまうか。お米を売っている以上、新米ができて半年して「なくなりました」じゃすまない。逆にたくさん余ってしまって「古米です」なんてセールもできない。

売るためにどうしようって考えるのって面白いよね。マーケティングだってしなきゃいけないでしょう。どんなふうに売り出していこうかとか、○○市に売りに行きたいけど、つてがないからどうしようとかさ。作業やってるより楽しいよ。作業だけやってるのは大変だよ。こうやって売りたいから、こういうふうに作ろう。これだけあそこで売りたいから、こんだけ作らなきゃいけないなって考えていかなきゃいけないんだよ。

周りの農家さんって、「絶対米を売らなきゃいけない」っていうのがないでしょ？　他で働いているから、収入はあるわけだ。できたお米も農協や業者に卸せばいい。でも、俺らは自分たちで米を売らなきゃ収入がないわけだから、意気込みが違う。そこで差が出ちゃう。

たとえば、この前も近くの農家さんとイベントをして米販売をしたとき、「お前たちお米が売れていいな」って言われたけど、僕らはそれまでに売り方や見せ方、ＰＲすべてを一から考えて、いろいろな所に売りに行って他と比べて勉強してきてるんです。目に見えない苦労を知らないんだよな。そこまで真剣じゃないし、「仕事が忙しい」という言い訳で逃げられる。そんな時は「じゃあ、会社辞めれば？　米を売りたきゃ、真剣に百姓やれば？」って言ってやるんだ（笑）。

池田　厳しいお言葉ですね。でも、それが本質なんでしょうね。では、他の皆さんはなぜ兼業で（法人化しないで）やっているのでしょうか？

この辺は、お米が昔から高く売れるから、兼業でもやっていけるんです。お米を業者に出荷するだけで収入がそれなりにあるから、機械も買える。だから自分だけでもやっていける。農地が少なくても、採算がとれるんです。そして、生活の糧は、外で働いて収入としていただくことができる。でも、お米が安いところは、特化して大きい農地を耕さなければとてもやっていけない。大きくて広い農地を持ったら、とても外に働きになんて出ていけない。逆に少ない農地だと赤字が出る。だったら手放した方がいい。

この辺は少ない農地でも、そんなに赤字にはならないから、みんななかなか農地を手放さないんだよ。あとね、休耕田がいっぱいあるのに、何で貸してくれないんですかってよく聞かれるけど、ああいった休耕田は減反の対象になってるんだよね。そこを貸して、耕作してもらっちゃうと、どこかを減らさなきゃいけなくなるんだ。

池田　なるほど、そういう事情があるんですね。では、白羽毛ドリームファームを、今後どうしていきたいですか?

〔利一さん〕まだ業者にお米を売ってる部分があるから、徐々に自分たちの販売を増やしていきたいね。自分たちで売っていると、お客さんからの声が直接聞こえてくるから、楽しいよね。苦情も含めて、じゃあ次はどうしようかって勉強になるしね。知らない人と知り合うって、本当にいいですよね。だから、そういう人たちを増やしたい。

あとは、さっき言ったけど、次の世代に任せることも始めなきゃいけない。自分たちだって、バリバリできてあと二十年。自分たちの先祖から受け継いだ土地を守るという意味もあるけど、地域の人たちの田んぼもどんどん「やってくれ」って頼まれるでしょう。集落を守っていくためにもね。

〔元一さん〕遊び心は忘れないでやっていきたい。あまり大きくなる必要はないけど、ずっと続けばいいねぇ。ひょっとしたら俺らで終わっちゃうかもしれない。もちろん、次世代は育てたいけど、遊び心を持って、楽しく農業ができる人じゃないとね。決まり切ったことしかできないと、楽しくないし、進歩がない。

ある程度、上に立つ俺らがしっかりし過ぎない方がいいと思うんだ。だってそうでしょう？　あれやって、これやって、こうしろって全部指示されちゃったら嫌になるよね。自分で試してみた方が、大変でも失敗しても楽しいんです。従業員が楽しく仕事できなきゃ、会社は継続していかないよ。上から押さえつけられてるわけじゃなく、自分たちで考えて動いているわけだから、

農業研修
（上）端刈り：稲刈りの機械を入れるために端（隅）を手刈りしているところ
（下）販売するお米を計量して袋に詰めているところ

うからね。

休みがなくったって嫌な思いはしないんだ。年収何千万と稼ごうとすると、変な方向に行っちゃうからね。

〔徹さん〕白羽毛ドリームファームができて三年。今年は「売り」に力を入れる年だと思っています。うちは、この中里地域で先行事例にはなりたいけど、抜きんでるようなことはしたくないんだ。中里に行ったら「白羽毛ドリームファームのお米しかない」っていうより、「あっちのお米はモチモチ感があるし、こっちのお米はおにぎりにすると最高。そこのお米は炊き込みご飯にすると具材の味も引き立つ」というふうに、「中里に来たらいろいろなお米があるから、その時々に合わせて買える」って思ってもらった方が、お客さんはいっぱい足を運んでくれるでしょ？　選べる方が楽しいし、人が来るし、売れるんだよ。

一人勝ちしようとして、もがいていても先が見えるよ。同じような考えを持っている仲間を集めて一緒に仕掛けた方が面白いよ。

だから、夢はこの国道353を「お米街道」みたいにして、「十日町の魚沼産コシヒカリ」じゃなくて、「十日町中里のお米」ってしたいんだ。

そのためには自分たちの米の良さを明確にしていかなきゃいけない。減農薬です、雨水でやってます、他から汚染されてない水を使ってます、雪解け水です……なんてよく聞くと思いますが、この辺じゃどこでもそれをやってるんだよ。

あと、この地域の人がいったん外に出て、バリバリ働いてきて、こっちに帰って来たときに「やっぱり農業したいな」って思った時のためにも、ここが残ってるようにしたいね。

池田　最後に、就農しようとしている人に一言お願いします。

〔利一さん〕行政でもいろいろ「就農支援」に取り組んでいるところがあるけど、やっぱり来る人は、それなりに覚悟がないとだめだと思うなあ。「ちょっと、やってみようか」って程度じゃだめだなあ。農業で生活するんだったら、それなりの覚悟じゃないとだめなんじゃないかな。

いきなり来てもだめだから、一年も二年もかけて、手伝いながらその土地に腰を据えて、その土地の気候も様子も分かってからやらないと難しいと思う。まあ、休みのときに通うってのも作業は覚えることはできるだろうけど、その地域のしきたりとか、やり方とか、いろいろあるので、すべて分かってからやる方がいいですよ。いきなり来てパッと「じゃあ始めよう」っていうのはねぇ……。

勤めながらやろうっていう人もいるだろうけど、ちょっと大変なんじゃないかなあ。自分たちもそうだけど、自分たちがやっている土地は百年も二百年もそれ以上、ずっと自分たちの先祖が守ってやってきた土地なんです。それを人に譲るというのは、かなり抵抗があるんだなあ。古い考えかもしれないけど。

できれば、地元の若い人が継いでほしいけど、いなければ仕方ないもんね。若い人で、ここに移り住んで一年、二年と研修を積んでやるのならいいと思うよ。でも、「退職してから」っていうのはちょっと困るなあ。だって、私たちより年上の人を、人生の先輩を使用するのはちょっと大変だし、退職してからやるとなると、あと十年ぐらいってことでしょ？　それは、土地を任せられない。自分たちより年上の人に、自分たちのあとを任せるってことは無理でしょ？

好きでやるなら家庭菜園でいいんじゃないかなあ。「就農」っていうのは「仕事にする」ってことだからね。ただ、趣味でやるならお金がかかるよ。仕事でやるのは、採算を考えるからね。

農業をやるっていうのは、「体験」したいのか、「通い」たいのか、「趣味」でやりたいのか、「仕事」としてやるのか判断しなきゃね。まあ、いろいろな所でいろいろな体験して、自分のスタイルを考えていけばいいと思います。米づくりだけじゃないからね、野菜づくりも、花も、養豚だってこの辺じゃあるしね。自分の好きなものを見つけるためにも、いろいろ試してみるといいと思うなあ。

だいたい、農業が好きな人は来れば分かりますよ。ただたんに「楽しみ」で来る人は、動きが悪いしね。

〔元一さん〕お米づくりは、畑作に比べれば単収入が安いかもしれないけれど、収入は安定しています。でも、機械や施設とかが必要になるんですよ。最初は、行政とかから補助をもらって揃えられたとしても、作り方のノウハウは教わったとしても、どうしても機械は壊れることがあるので更新しなきゃいけない。その時に、何百万も必要になって、元手がなくて借金して新規にそろえて、それで首が回らなくなるってことも多いんだな。生活費も、子どもの教育費も必要だしね……。

俺らは、小さい頃からずっとここで生活をしてきて、そういうことも見てきてるから分かるけど、いきなり来て、米づくりのノウハウを覚えたからといって続くかどうかは分からない。米づくりの技術は教えられるけど、そういう「農業で生活を営む」っていうことはなかなか伝えられないし、いきなり来た人がどこまで理解できるのかなって思います。

だから、本当にやりたいんだったら、法人とかで短期じゃなくてせめて一年、二～三年は修業をしてから判断した方がいいね。農業は一年に一回しか結果が出ないからね。

それに、地域によって代々伝わってきたやり方もあるからね。じいちゃんやひいじいちゃんの代からこの風土に適したやり方を開拓してやってきたんだから、違って当たり前なんだよ。だから、農業をやりたいって人も、大農場でやりたいのか、小さくこぢんまりとやりたいのか、小さくてもやれるやり方があるからね。そういう農業をやりたいのか、いろいろ回るといいと思うよ。

＊＊＊

自分たちの先祖から受け継いだ土地を守るため、田舎では珍しい「脱サラ」をして「農業の会社」を作った三人。すべてを三人で考え、実践をし経営しています。「自分に責任があるだけ楽しい」とおっしゃるそれぞれの顔は、生き生きとしていました。

それにしても、このお三方。役割分担がきちっとできていて、お話を聞いていていろいろと勉強になりました。「土地を守る。そして継続する」という代表の利一さん。「自分のやり方を信じて試してみる」という元一さん。そして「販売方法を常に模索する」という徹さん。利一さんが代掻きをすれば、徹さんが植える。元一さんは機械の修理に飛び回る。どんなに疲れていても時間を見つけて今後の方針を話し合う。素晴らしいチームワークだと思います。

そうそう、新人君（24歳）からも話を聞ければと思ったのですが、それはまたいつかに回すと

新人奮闘
自分たちの米とこだわり、白羽毛集落について説明しているところ

して、彼とのエピソードをひとつ。

昨年、白羽毛ドリームファームのお米を売りに、東京でイベントをしたときのこと。彼も、徹さんと一緒にそのイベントに出ており、私もちょうど一緒に参加していました。彼が一人になったとき、お客様と話し込んでいました。彼は、外に出ての販売は初めてだったそうですが、お客様の目線に合わせ、笑顔で、一生懸命に何かを説明をしていました。そして、そのお客様が帰られてから一言。

「ずっと白羽毛に住んでいたのに、何にも答えられなかった。半年、田んぼに出てたのに、上手く答えることができなかった。まだまだ勉強不足だなあ。もっと、いろいろ勉強しなきゃ」

生まれてから、ずっと「田んぼ」はその周りにあり、家でもやっていた農作業。それでも、彼からそういう言葉が出てくるということは、本当に農業は奥が深いものなんだなあと感じました。

【白羽毛ドリームファーム】　代表　樋口利一
所在地　新潟県十日町市白羽毛辰６８０‐１
電話　０２５‐７６３‐３７３８
ＦＡＸ　０２５‐７６３‐３７１０
ホームページ　http://www.shirahake.com/
お米の販売も行ってます。

〔取材を終えて〕

自然と農業　そこから始まる地域の暮らし

現在、「就農」「田舎暮らし」がブームのようにあちらこちらでそれにまつわる雑誌や本、そしてテレビ番組まで目にするようになりました。それらは、決して「嘘」ではありません。しかし、そればかりが「本当」ではないと思います。目には見えない苦労や、頭では理解しきれない文化がその後ろにはあり、そして、その上にそれぞれの人生があります。人それぞれ違う考えを持ち、それぞれが違う生き方をしています。だからこそ、私は情報として収集したものだけで、自分にとっての「農業」を判断してほしくないと思います。

人間社会は「本音と建前」があったり、自分に嘘をついて生きていくこともできます。それが、たとえ自分を苦しめていても、ごまかしながら生きることもできます。しかし、それが苦しくなり、人は自然を求めて旅に出たり、癒しを求めて自然に出向くのではないでしょうか？

だからといって、自然の中で暮らしている人々は、ストレスフリーなのかといえば、そうではありません。自然とは、嘘をつきません。そして、嘘をつける相手でもありません。だからこそ真正面から自然と向き合い、その中で生きていかなければいけません。

家庭を守る母親である「いきいき再生会　加工販売部門」の水落フミ子さんは、年度が変わり、転機となる四月が一番忙しいとおっしゃいます。一方、独身で稲作で生計を立てている「グリーンハウス里美」の田中磨さんは天気と勝負の稲刈り時期が一番忙しいとおっしゃいます。それぞれの立場によって、また、耕作している面積、主な収入源の違いによって違う答えが出てきます。白羽毛ドリームファームの皆さんは、「勤め人より、自分たちの時間を作ることができる」と思っていたそうですが、いざ、やってみると「勤め人のときより時間を持てない」こともしばしばあるといいます。これも、天気次第で作業の進み具合が変わってくるからです。

現在では、「農業をやりたい」という人たちのために、さまざまな地域で「農業研修」を受け入れています。そこで、作業や農薬についてなど一般的なことは学べると思います。しかし、誰もが口をそろえて「とにかく長期的に地域に滞在して、試してみることが重要」とおっしゃるのは、教科書通りにはいかない「自然」と、土地によって違う「自然」があり、そこに住んでいる人によって違う「地域性」があるからではないでしょうか。そして、自分の置かれた立場、環境によってまた違う面が出てくるからなのです。

なぜ、「長期的体験」が必要なのか、私の経験からお話しましょう。山村留学生時代、つまり、私が子ども時代に行っていた「農作業」。ほんの小さな面積でもあったことから、手植え、手刈りでお米を作っていました。それを見守る地域の方は優しく、「よく頑張ってるねぇ」と声をかけてくれました。また、子どもたちがワイワイやっているのを見かねて教えてくれたり、助けてくれる方もたくさんいました。ですから、子どもの頃の私にとっての農作業体験は「なんだか楽しい」という印象がありました。

しかし、指導員として「農作業」に携わると、それは一変しました。地域の方から優しくも厳しいお言葉をたくさんいただきました。「水が抜けてるぞ！」「草が伸びすぎで、隣の田んぼが迷惑だ」「毎日水は見なきゃダメだろ」「稲刈り前にはこれをしろ」などなど……。こちらは他の仕事で手いっぱいなんだから……と、思い「後でやります」と、言えば必ず帰ってきた言葉は「仕事は後でもできるけど、自然は待っちゃくれないぞ！」でした。

子どもの頃の体験はあくまでも「体験」として地域は扱ってくれていたというわけです。一方指導員としての「農業」は「作物を育てる同業者」としての扱いなのです。仕事を持ちながらの農業は、何も指導員だけではなく、地域の人ほとんどがそうだったわけですから、「仕事が忙しい」などと言い訳はききません。そして、そこで「時間」で動く「仕事」と「自然」で動く「農業」の両立の大変さに気付きました。

農業に憧れ、農業がやりたくて田舎に移り住む人もたくさんいます。しかし、思い描いていた「農業」そして「生活」が現実とかけ離れていたのでしょうか、数年で出て行かれる方も多くいます。思いが強ければ強いほど、きっと苦労も多くあることと思います。その「苦労」が「楽しさ」「生きがい」「充実」より勝ってしまうと、そうなってしまうのかもしれません。

逆に、中島さんのように「農業をやっている人と出会いたかった」という漠然とした思いでいると、地域にすんなり入ることができ、生活も楽しめ、農業にも携わることができるのかもしれません。

私が取材した三組の皆さんの言葉も、あくまでも、十日町市の三地域の現状です。すべてがそういうわけではありません。「グリーンハウス里美」も、「いきいき三ヶ村」も、「白羽毛ドリームファーム」も、それぞれの地域事情に合わせた形での「今の農業」をやっています。そして、その皆さんが口をそろえて「就農する人にアドバイスは？」という質問に対し、「長期的にその地域に住んで、自分の農業を探してほしい」とおっしゃるのは、それがあるからだと思います。その言葉にすべての意味が込められていると思います。

「勤め人だったら三ヵ月ぐらい新人研修があって、すぐに現場に出されるかもしれない。だけど農業は一年やらないとすべての作業の「研修」はできないんだ」

当たり前の言葉ですが、言われるとずしんと重い言葉になると思いませんか？　そして、土地や機械、そして信頼のすべて含めた「基盤」を考えれば磨さんがおっしゃった「地元の人と結婚してください」というのも、笑い話ではなく本音ではないかと思います。

「農業」って一言でいえば、いろいろなイメージがわくものですが、イメージがわくからこそ、実際に行うことは大変なのかもしれません。

私からも、長期的な滞在、もしくは、長期的な「通い」によって地域の暮らしから農業を知ること、そして、自分の農業のスタイルを模索することをお勧めします。

池田　美佳

創ろう！　自分の田舎（ふるさと）とおかまち！
定住・交流・相談窓口　十日町市総合政策課内
〒948-8501　新潟県十日町市千歳町3-3
電話　025-757-3193
FAX　025-752-4635

Column 3

〈コラム〉野菜工場は、新規就農の追い風になるか

野菜工場の話題が、マスコミで盛んに紹介されています。

青空のもと、自然の恩恵を受けながら野菜を栽培するこれまでの農法とは違い、屋内の閉鎖された環境下で、土を使わず、場合によっては太陽光にも頼らずに栽培できるというシステム。野菜を工場で生産することに対する抵抗感もぬぐえませんが、これまでの農法に比べてメリットも多く、今後の農業の行く先を大きく変えるものとして、今、大きな注目を集めています。

その野菜工場、大企業や農業法人が導入する例が多いようですが、個人の小規模農家や、これから新規就農を目指す人にも導入のできるものなのでしょうか。

まずは詳しく知ってみたく、野菜工場のメリット・デメリットを挙げてみます。


【野菜工場のおもなメリット】
・閉鎖型の施設内には病害虫の侵入がないので、無農薬による安全な栽培が可能。
・気温や湿度、光などの環境を完全コントロールでき、天候に左右されない安定した収穫・供給ができる。そのため栽培計画を立てやすく、野菜の相場も安定する。
・地域や季節に関わらず、野菜を栽培することができる。
・経験がなく、農業知識に乏しい人にも野菜の生産ができる。

・苗付けの棚の配置を調整しやすく、敷地面積に対して最大限の密度で栽培することができ、効率がよい。また、腰の位置など作業のしやすい高さに棚を合わせることで、労働負担が軽くなる。
・土耕だと、同じ土地に続けて同じ作物を栽培する（連作[*1]）と連作障害が発生するが、工場の場合は養液栽培で土壌によらないため、連作ができる。また、環境をコントロールすることで野菜の成長を促進させることもできる。年間二十回レタスを生産できるという例もある。

【野菜工場のおもなデメリット】
・設備導入の初期投資と、光熱費などの生産に必要なランニングコストが高額。
・コスト高となるため、採算のとれる野菜の品目が限られている。

これまでの農法では考えられなかったメリットが得られる反面、やはり、コスト高が最大のデメリットになるようですが、これを仮に小規模農家で導入し、野菜の生産販売をするとすればどのようなイメージになるのでしょうか。

茨城県下妻市で野菜工場向けプレハブユニット型クリーンルームの製造・販売を行う、有限会社ユニテック・大関社長にお話を聞きました。

＊1　同一の水田や畑地、樹園地で同一の作物を繰り返し栽培すること。

太陽光の届かない地下でも野菜ができる（写真提供：株式会社パソナグループ）

「そうですね。確かに初期投資も生産コストも高額になります。

たとえば、今の時点で採算のとれる最少サイズの野菜工場を、と想定して試算してみると、建物面積が100平方メートルのクリーンルームが必要で、初期の設備だけでも3千600万円。一回の作付につき、4千800株、年間十五回作付けすれば、7万2千株の葉もの野菜が生産できます。しかし、電気代や溶液などの生産コストや、出荷に必要な資材費、人件費やその他の諸経費などを考えあわせると、野菜一株の卸値を200円ぐらいにはしないと採算がとりにくいですね。

規模が大きくなるほど効率が良くなりますので、この三倍ほどの規模で、できる限り低価格での販売ができるようになれば、活路が見いだせると思いますよ」

ある程度の規模以上の導入と、販路の確立。この二点がポイントとのことですが、やはり多額の初期投資の必要な決断です。導入を考える際には、導入後のシミュレーションを厳密に行ってからの、慎重な検討をおすすめします。

また、運営面だけではなく、できた野菜の質のことも気になるところ。

これまでの農法でのものと栄養価・おいしさとも遜色のない野菜ができるとされていますが、実際に口にしてみるとどこかしら印象が違うようにも感じ、やはり自然の力を完全に人工のもので再現するのは難しいのだと、その偉大さに改めて気付かされます。

これまでの農法と、野菜工場。

どちらもひとつの農業の手段であり、やっていることは同じ「野菜を作ること」です。

これまでの農法でもう五十年以上も農業を営むベテラン農家さんは、こう話します。

「今は野菜工場で簡単に野菜ができると言うとるけど、どちらにせよ野菜づくりのことはよくわかっておいた方がいい。どういう状況になっても、野菜のこと・病害のことを知っておけば、焦らず冷静に対応ができるもの。

そのためにも、これから農業をやる人には一度は土の上での農業を経験してほしい」

自分の実践したい農業のスタイルや、消費者に提供したいと思う野菜、環境保全や、日本の食生活の将来のことなど、あらゆることを判断材料に、野菜工場のような最新の技術力を自分の農業にどう取り入れ、付き合っていくか、考えてみられてはいかがでしょうか。

（小豆佳代）

第2章

農業を選択する生き方

——新規就農者から学ぶ「農業スタイル」

「丹波篠山のおいしい野菜畑」レッドビーンズ　代表

小豆　佳代

苦労も多いけどやめられない、「有機農家」という生き方

「ワンワン、ワンっ」

井上農園に到着するとまず出迎えてくれたのは、山と小川と田畑に囲まれた山間の集落に響きわたる元気な犬の声。その奥では、その朝に収穫されたばかりの野菜の出荷準備がされていました。

二〇〇八年、全国四十ヵ所の「有機農業モデル地区」のひとつに選ばれた兵庫県丹波市。生産者による自発的な活動と、町や農協のサポートによって、まだ有機農業が注目されていなかった三十年余り前から有機農業の輪が広がり始めました。そうして今では、有機農法での安全でおいしい野菜づくりの精神がしっかりと根をはっています。

豊かな自然環境や土壌はもちろん、有機農業に取り組む諸先輩方の技術や生きかたを間近で感じることのできる丹波市は、有機農業を志す新規就農者にとって憧れの地。井上農園のオーナー・井上陽平さんは、人のご縁に導かれるままに十年前にこの丹波市市島町にたどり着いた、若手新規就農者の一人です。

約一年間の研修の時期を経て独立、以来一人オーナーとして農業経営に取り組まれる井上さんの農業のお話、いろんな角度からお聞きしてきました。

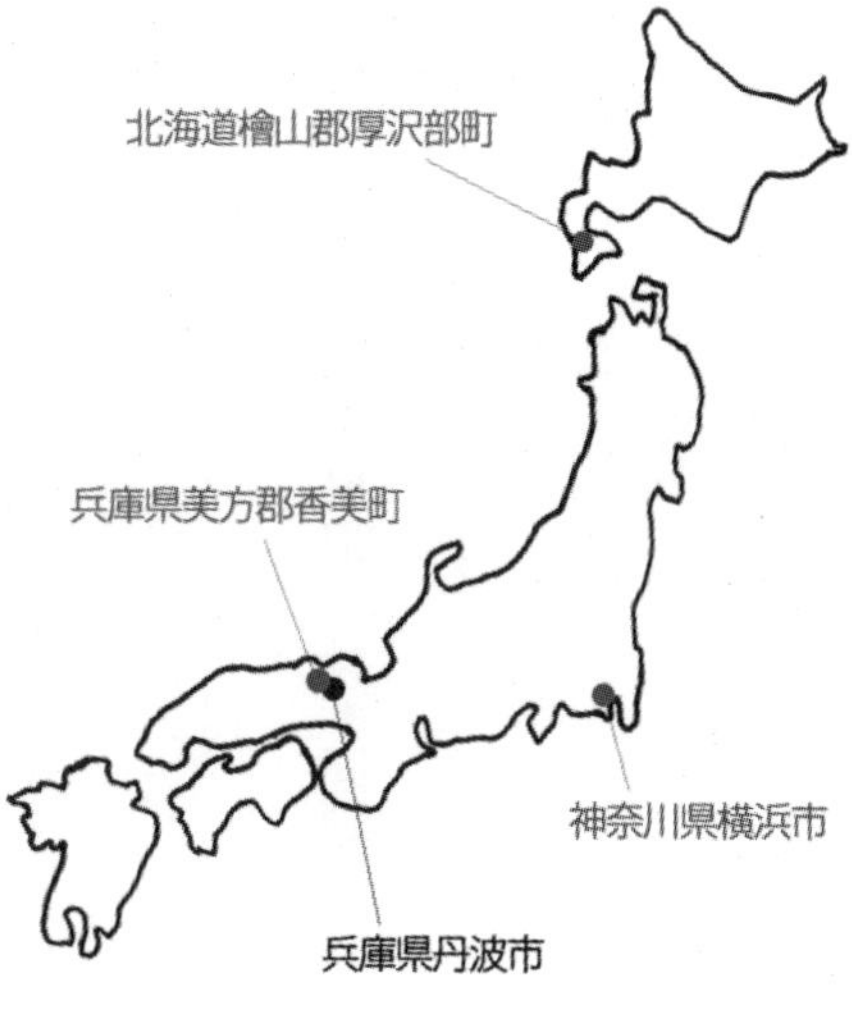

兵庫県丹波市市島町・井上農園
井上《いのうえ》陽平《ようへい》さん〔34歳〕

●**キーワード**　食と環境／有機農業／一人農業

小豆　ご実家は、農家というわけではなかったんですよね？

そうですね、実家はごく一般的なサラリーマン家庭で。
子どもの頃に農業と接したことといえば、親戚の家で芋掘りをさせてもらったことぐらいだったと思います。そのあたりから農業のイメージはあったけど、本格的に農業を仕事に！　と考え出したのは、大学卒業後の進路を考えるタイミングでした。まず自分が「雇われる仕事」をすることに抵抗があったんですが、それに加えて井上ひさしさんの『コメの話』を読んで、食への関心が出てきたことや、これまで漠然と自分の中にあった、地球環境や農村風景の保全、そして食の安全などのことを考えていくうち、自然に出てきたキーワードが「有機農業」だったと思います。

有機農業で生きていこうという気持ちは日増しに強くなっていったんですが、何しろどうしたら農業ができるようになるのかが分からなかったんです。大学在学中から近隣の市主催の環境講座を受講してみたりと、とにかく動き回ってみました。そうするうちにお知り合いになった方から、兵有研（兵庫県有機農業研究会）を紹介していただき、兵有研に出入りするうちに、メンバーである有機農家の橋本慎司さんという方が、人手を必要としていると連絡を受けたんですね。奥さんの出産と、ご本人の海外出張が重なったようで、畑の面倒をみてくれる若い人を誰か、ということだったらしく、僕に白羽の矢が。そう連絡を受けて行った先が、今いる丹波市市島町だったんです。

出荷を待つ井上農園の野菜たち

橋本さんは、日本の有機農業の先駆け的存在で、各機関の重要なポストを兼任されている多忙な方だったのですが、その橋本さん不在のあいだのサポートを引き受けたことをきっかけに、橋本さんに近所に住むところを都合してもらい、市島に移住することになりました。

橋本さんの手伝いは、週三日。報酬として月6万円を頂いてました。一週間のうち、残りの四日間は自分の時間として使えたので、地元の方の紹介で三反分の農地を借り受けて、そこで自分の分の野菜を作って販売し、生活費に充てていました。

そうして橋本さんのサポートをしながら、有機農業の技術や農業経営の仕方を学びとる毎日だったんですが、一年四ヵ月したあとの25歳の冬、橋本さんのサポートを終了して完全独立、自分の畑だけで、念願の有機農業を始めることになりました。

小豆　就農するとき、初期費用はどれぐらい必要でしたか?

農地は、橋本さんのサポートをしながら借りていた農地をそのまま続けて使っていますが、それが一反につき年間8千円。それを当時は三反借りていましたので、農地については一年で2万4千円でした。

農地を探していると、ご近所のよしみでお金は要らないと言ってくださる土地主さんもいて。それは経済的に厳しいことの多い新規就農者にはありがたいお話なんですが、何かのトラブルがあったときのために、最低限の借り賃は支払っておいた方がいいのではと僕は思っています。

小豆　たとえば、どういうトラブルが想定されるんでしょうか。

有機農法で野菜を作るわけですから、除草剤を使わず雑草はすべて手でひくんですが、草ひきが追いつかずに畑が草だらけになってしまうことが多くて。土地主さんの考え方にもよると思うのですが、そういうのを嫌う方も多いんですよ。害虫が増えたりするので近隣の畑にもご迷惑になることも確かにありますし……。無償で借りていると、その分畑の使い方に対して必要以上の気づかいがいるんですね。土地を借りようとするときには頭においておきたいことだと思います。

小豆　機械の導入はされなかったんですか？　トラクターとか……

トラクターは絶対必要だと思っていましたが、運がいいことに、市島町の有機農業推進団体のメンバーの方に無料で譲ってもらえたんですよ。購入すると、中古でも40万円ほどはするものだったので、すごく助かりました。

小豆　新規就農ですから、初めはもちろん販売先ゼロからのスタートだったんですよね。どんな方法で販売先を広げていかれたんですか？

基本的に少量多品目の生産スタイルで、家庭向けに季節ごとの野菜のセットとしての提供をしているのですが、最初は知人や親戚など十軒ほどのお客さんに使ってもらうところからのスタートでした。そこからは、環境や農業をテーマにしたイベントに参加して、食の安全や有機農業に関心の高い参加者の方たちと交流するうちに口コミで少しずつ広まっていきまして。

ファーマーズマーケットでの出会いが、やり甲斐に

　そういえば、父親の勤務先でのゴルフコンペの景品に僕の野菜を使ってもらったこともありましたよ。景品として、まず僕の野菜を知ってもらえる機会になるんですが、気に入ってもらえたら二回目以降はちゃんと買ってくださるんですね。地道な方法ですが、父を通じての縁ってこともあって手堅かったです。最初はそうして少しずつ増えていったように思います。

　個人のお客さんの他では、市島町の学校給食の食材として使ってもらったり。これが結構いい値段で使って頂いていたんです。それに、まとまった量が出るのがまた有り難かったです。

小豆　今はどうですか？　その当時から変わったことや、進歩されたところというのは。

　ここ数年、特に力をいれているのが、ファーマーズマーケットへの出店です。市島若手新規就農者が集まって「丹波みのり会」という農家グループを結成したのですが、そのグループで地元の農業支援NPO法人からトラックを借り受けて、野菜を積み込んで早朝から週二回のペースで、野菜直売所併設のレストラン、愛農人（兵庫県神戸市東灘区）まで走ってます。

他にも大阪・神戸など都市部でのイベントがあれば積極的に顔を出すようにしてますし、販売イベント以外にも、僕の関わっている「グリーンランドプロジェクト神戸」という事業の活動の一環として、保育園で園児に苗づくりや野菜づくりを教えたり。直接収益につながらないような活動でも、自分が必要だと思えることには取り組むようにしています。

小豆　もちろん毎日の農作業もありながらですよね。上手くこなせるものですか？

そうですね。留守にしている間は当然畑仕事は止まってしまうし。正直、お金稼ぎのためと考えると僕のやり方は非効率だと思います。

それでも僕がイベント出店を重視したいのは、やっぱりファーマーズマーケットなどのイベントでは、人との出会いがあるからだと思っています。僕の野菜のファンになってくれた人たちと顔を見て話をすることもできるし、同じように農業をやっている仲間との出会いも。そこからいろんなことを吸収することで、自分自身の内面が充実するんですね。

「おいしかった」という声を聞くと、ああ〜、この人たちのためにも頑張って続けないと！って、やっぱり思いますよ。そうしたことが毎日の農作業のやり甲斐につながって、仕事の辛さから救われることも多いんです。イベント出店で、農業経営や自分自身のバランスをとっているという感じかな。たとえ非効率であっても、そこは外せないものだと思ってます。

小豆　井上さんは、今のところご結婚はされていなくて、一人農業のスタイルですよね。一人農業は大変だ、無理があるという話をよく耳にするのですが、実際に実践されていていかがですか？

それはもちろん大変です。独身だと、フットワークが軽いし、家族を養わなければならないというプレッシャーもないから気楽だったりと、いいところも確かにあるんですけどね。

留守の間はハウスの開閉ができないので、開けたまま外出してしまうと、日が暮れる前に戻らないと……なんて、外出していても畑のことが気になって仕方ないんですよ。あと、農作業の中でも、たとえばマルチ[*1]を敷いたりネットを張ったりと、大きな農業資材を扱うことが多いので、一人ではやりにくいですね。どうしてもというときは、近所の仲間にお願いすることもできるんですが、やっぱり遠慮なく頼める相手といえば、家族なんですよね。手伝ってくれるパートナーがいてくれるといいのになあと思うことはよくあります。

小豆　農家のお嫁さんになる人は、どんな女性なら理想的だとか、ありましたら教えてください。

そうですねぇ〜、たいていの場合、都市部から農家に入られることになると思うのですが、どんな女性が……というよりも、迎えるこちら側の姿勢ではないかなと思っています。生活環境やご近所づきあいの仕方など、全く違う場所に入るわけですから。そこにもともと生活している自分がどれだけ寄り添ってあげて、孤立無援にならないようサポートしてあげられるか。それが大

＊1　地温の調整したり、水分の蒸散を防いだり、降雨後の肥料流れを防止したりするなどの目的で、土に敷くビニールシートのようなもの。昔は稲わら、麦わら、野草を使ってやっていた。

事ではないかなと思っています。

むしろ難しいのは、仕事面だと思ってます。

たとえば僕の場合はもう十年も一人で農業をしているので、今からパートナーとして来てくださる方がいるとして、その方と、すでに十年も農業のキャリアに差があることになるんですね。それがどうしても作業や意識の差を大きくしてしまうでしょうから、そういう面を考えると、上手くいく相手がいるのだろうか、という不安はあります。

ほんとは、夫婦が一緒に農業を始めて、試行錯誤しながら一緒に成長していけることが理想だと思うんですけどね。

夫婦で市島町に引っ越してきて就農した同世代の有機農家がいるんですが、畑の面積を広げたり、どんどん新しいことにもチャレンジできているので「いいなあ」と思いながら見てます。単に人手があって助かるというだけではなくて、女性の視点が入ることで引き出しが深くなるというか、事業の伸びがいいという気がします。息の合うパートナーがいるってことは、農業経営にとっても大きな力になると思います。

小豆　最後に、これから農業をやろうかという方に向けて、メッセージはありますか？

農業者のことを昔から「百姓」と言うんですが、百姓の仕事って、何から何まですべてなんですね。田舎でのんびり畑を耕して……というイメージを持たれる方もいるかもしれませんが、畑仕事だけではなく、出荷作業やファーマーズマーケットへの出店・経理などの事務作業・土壌分析の書類作成・メールの返信・ブログ更新での情報発信まで、全部自分でやっているもので、日が暮れたあともしなければならないことがいっぱい。毎日寝る間を削って仕事をしています。

その割に、大学時代の同級生と比べると収入が低くて。乗っている車の種類なんかも違うんですけどね。収入面だけを見ると「何をやってるんだろう」と思うこともあります。でも、それでも余りある「やり甲斐」を有機農業に感じているので、やめようと思ったことはないです。

サラリーマン生活と違って、自分の人生を自分で戦略立てていけるというか。何も与えられない中で自分で作り上げていくことに醍醐味がありますし、何より、自分の作った野菜で喜んでくださる人がいるという実感ですね。正直、大変なことも多い仕事ではありますが、だからやめられないなあと思います。

そういうところに面白さを感じることのできる方であれば、きっと農業に向いているのではと思います。

＊＊＊

実は井上さんと私は、三十代半ば同士の同世代ですが、私自身や周りの同世代の人たちと比べてみても、一人の力でこれまでの道を切り開いて苦労の多い農業の世界で根をはり続けてこられたからか、いい意味でのマイペースさや、朴訥《ぼくとつ》とした中にもきりりとした雰囲気がありました。きっと、ご自分の野菜が多くの方に支持されて続けてこられたという自信に裏打ちされたものなのだと感じました。

インタビューが終わったあと、井上さんに

「これから記事を書くんですが、どの部分を特に強調してほしいとか、ご希望ありますか？」

と尋ねると
「じゃあ、ファーマーズマーケットなどのイベント出店の部分を！」

と、即答。主な出店場所である神戸まで週二回、時間と労力を割いても、自分の野菜を気に入って買いに来てくださる消費者との触れ合いを大切にしたいと考える井上さんのポリシーが、目一杯つまったあの箇所、きちんとお伝えができていましたでしょうか。

「生産者の顔が見える・どこの誰かが分かる」だけではなく、直接のコミュニケーションからお人柄まで伝え合う井上さんと消費者の関係は、農薬不使用の有機野菜であるということを超えた信用を作り出しています。人と人とのつながりのあり方が、食の安全・安心の原点になるのだということを、改めて気付かせてくださったような井上さんのお話でした。

【井上農園】
代表　井上陽平
所在地　兵庫県丹波市上竹田
ホームページ　http://view.under.jp/work/inouefarm/index.htm
有機栽培野菜セットのお取り寄せも承っています。

Column 4

〔コラム〕　ご存じですか？　安全・安心な農薬とのつきあい方

環境にやさしい農業、また、安全・安心な農作物を栽培するということは「農薬を使用せずに農産物を栽培すること」だというイメージを持ってはいませんか？

実際に農業を始めると実感することですが、それだと病害虫の被害を指をほとんどくわえて見ているだけとなり、農業を「業」として成り立たせることが難しくなります。だとしても、農薬を使うことはどうしても避けたい……そう考える方もきっと多いでしょう。

福岡県の澤暁史《さわあきふみ》さんは、脱サラして農業を始めて四年。自らを「やさしい野菜研究家」として、化学合成された農薬や肥料に頼ることのないおいしい野菜づくりに取り組んでいます。

「農薬と一口に言っても幅広いですよ。一般的な化学合成農薬もあれば、害虫の天敵を導入する生物農薬などの自然農薬も。意外なようですが、有機ＪＡＳで認められている農薬もあるんです」

最近は、トマトにサビダニが発生した際に、「ピカコー」という海藻由来の農業資材を使用。

「ダニの表面に膜を張って呼吸できなくさせます。殺虫剤ではないですし、農薬というより特殊肥料に近いかもしれません。天然成分でできているので、安全にダニの蔓延を抑えられるんです」

消費者の「安全・安心」を求める声と、農業者の苦労は背中合わせ。
消費者への思いやりと、農業者にとっての負担軽減の両立を実現させる、こういった農業資材の活用で、無理のない「安全・安心な農業」を目指してみてはいかがでしょうか。

（小豆佳代）

サビダニの被害にあったトマトの木

道を開いたのは「牛飼いになりたい」という強い思い

兵庫県の中でも日本海に面した北部に位置する、但馬《たじま》地方。

古くから和牛の優良形質の維持・改良・固定への取り組みが盛んで、現在では、霜降りの上質な牛肉で知られる全国ブランド、神戸牛や松坂牛の素牛となる、多くの子牛を産出する名産地となっています。その但馬地区の全飼養頭数のおよそ四分の一を担う香美町村岡区で、畜産農家として新規就農した田中一馬さんの牛舎は、山間部を流れる清流・矢田川沿いにありました。

初めて田中さんの牛舎を訪れた私の目に一番に飛び込んできたのは、牛舎につながれている肉牛一頭一頭の上に掛けてある、名前の書かれたネームプレート。

「これ、もしかして牛の名前? 肉牛に、名前をつけて育てていらっしゃるんですか?」

という私の問いに平然とうなずく田中さん。

この牛舎で生まれ、いつかは食肉となるために育っていく肉牛たちに対して、一つひとつの命に向きあう姿勢で、日々愛情をかけて接しておられます。

動物が好きで、牛が好きで。

その気持ちが高じて畜産農家の道を選んだ田中さんには、牛が好きだからこそ生涯かけて成し遂げたい使命や、強い思いがありました。

兵庫県美方郡香美町村岡区境・田中畜産

田中《た》一馬《なかかずま》さん〔30歳〕

●キーワード　食と環境／畜産業／放牧牛肉

小豆　田中さんは、どういった経緯で牛飼いになろうと思われたのですか？

僕はもともと村岡の人間ではなくて、農業とも無縁でしたが、父親の故郷がこの村岡だったんです。祖母の住む家の近所の牛舎で、僕は小さい頃から身近に牛を見ていたんですね。それが牛との出会いだったんですが、その頃から、「動物博士」と言われるほどの動物好きな子どもだったんです。

その後、高校までは特に牛や畜産とは関係のない生活をしてきましたが、卒業後の進路を考える段階で、やっぱり何か、動物に関わる仕事をしたい、と思いました。

通っていた高校は文系の学校だったし、動物に関係する仕事の求人などなかったので、自分でなんとかと考え、最初に目星をつけたのは動物園の飼育係。王子動物園（神戸市）へ行き、飼育係になりたいという意志を動物園側に直接伝えてみましたが、門前払い。今のままでは動物に関わる仕事への道はないと考えたことと、幼い頃の体験から「やはり牛だ」という思いが強かったことで、酪農学園大学（北海道江別市）への進学を、卒業後の進路として決めました。

小豆　酪農学園大学では、どんなことを学ばれたんですか?

現場での実習から生物学などの理論まで幅広い講義がありましたが、肉牛研究会というサークルでの活動が、特に実践的で面白かったように思います。

メンバーも、本物志向の濃い面々が集まっていて、メンバー内で当番制で大学所有の牛舎に泊まりこみながら牛の世話をしたり、生肉や加工品・堆肥の販売までを実際に経験しながら、自分たちで運転資金を作ったり……と、畜産農家を経営することのプレ体験のような活動内容でした。大学からの補助を受けながらのサークル運営だったので、実際ほどシビアではなかったものの、学べたものは大きかったです。

小豆　その中から、どれぐらいの方が実際に畜産農家として就農されたのですか？

学生の半分ほどは、実家が畜産業を営んでいる後継者だったので、彼らはそのまま家業を継ぎました。新規で畜産農家になったというケースはごく少ないです。大学の卒業生の方の話を聞きたいと思ってあたってみたのですが、当時45歳の先輩までさかのぼらないと、新規就農で牛飼いになった人がいなかったんですね。その方に就農当初の話を聞いてみても、時代背景があまりに違いすぎて参考になりませんでした。それだけ卒業後に新規就農で牛飼いになる人が少なかったという理由は、やっぱり資金的な問題が大きいのだと思います。

小豆　一般的に、畜産農家として就農しようとするとどれぐらい必要なものでしょうか。

畜産の場合は、３千万～5千万円の初期投資が必要だとされています。大学卒業後は、たいてい数年ほど農家に研修に行くんですが、研修しながらそんな金額が貯まるはずがないんですよ。もともと収入の少ない中から生活費も必要ですし。それでも30歳手前ぐらいまではみんな牛飼いを志望して頑張るのですが、実際に就農できたという人は少ないです。そこから別の仕事に方向転換しようとしても、就職先も全くないんですね。

そんな実情を知って、自分も牛飼いをやるのは無理かなと思いました。そうして別の仕事を考えながら大学院への進学を決め、微生物研究に取り組もうとしていたのですが、やはりどうしても牛飼いへの道をあきらめきれていない自分に気付いて……。

悩んだ末、一度現場を経験して考えたいという結論に至り、大学院を休学し、一年間の約束で父親の故郷である村岡の畜産農家さんのもとへ住み込みの研修に行くことになりました。

その一年の研修のあいだ、技術習得とあわせて農家としての生活を体験させていただいたのですが、それと並行して、自分が畜産農家として就農するとしての資金計画や経営計画を立ててみました。

五〜七年先あたりのことまで計算してみたのですが、それが、どう甘く見積ってみても厳しくて。30歳になった頃にやっと年収200万、というような計画しか立てることができず、自分が牛飼いをやるのはやはり現実的ではないと思いました。

仕方なく牛飼いになることをあきらめ、そのことを伝えようと、僕を大学院まで行かせてくれた両親に電話をしました。そして「あきらめる」という思いを話したとき、涙が出てきて……自分でも予想しなかったほどに涙が出てきて、嗚咽が止まらなくて喋ることができないほどになり、牛飼いへの思いがそこまで強いものだったことに、自分自身、改めて気がついたんです。

今振り返ると、そこが本当に牛飼いを志し始めた起点だったと思います。ここまでやりたいことなのだから、もう年収が200万きってもいいから、やろうと。そこからは決意が固まり、研修先の農家さんにお願いして、研修期間を一年延長してもらい、二年目の研修に入りました。

その頃に、就農するならこの村岡でと考え、大学院を中退してスタートできる牛舎を探し始めました。その頃から、近所の農家の方を初めとする地元の皆さんの対応も変わってきて、牛舎を探してくれたりと積極的に情報を寄せてくださるようになりました。そういった応援を受けながら、なんとか借りることのできる牛舎を見つけて、そこに妊娠牛5頭を導入し、ようやくお世話になった農家さんから独立。牛飼いとしてスタートすることができました。

経営を考えるとあまりに小規模ではありましたが、国の融資や、県の新規就農者対象の奨励金を初期費用と当面の生活費にあてながら、二年後には15頭〜20頭ほどには増やす計画で、ひとまず始めてみたんです。

小豆　そこからは、計画どおり順調でしたか？

牛飼いになってから三年が経ち、規模を拡大しようと牛舎の新築を計画したのですが、事情があってその計画が白紙になってしまいました。それでも牛舎は増やさなければならなかったので、村岡から離れた場所ではありましたが、小さな牛舎を四ヵ所にわたって借りました。

その四ヵ所の中には、車で四十分ほども離れた場所もあったんですが、すべて一人で、大雪の日にも毎日欠かさず牛の世話に回りました。糞の処理や、餌やりなど、早朝から夜中の二時頃までの肉体労働を続けた結果、背筋を痛めたりと身体をこわしてしまって。精神的にもすさみきっていたように思います。やっぱり、あまりに無理があったんですね。

そこで、そのうちの一ヵ所の牛舎の世話を、その地域の公共牧場に委託することにしました。それからも牛舎に足を運ぶようにはしていましたが、忙しさにかまけてなかなか見に行くことができずに、委託先の牧場に任せっきりにしていたことがあって。

そうして二ヵ月ほど放置してしまった後、久しぶりに牛舎を見に行って驚きました。数頭の牛の足が腐ってきていたんです。原因は、餌として与えていた輸入牧草にカビが発生していたことからの中毒症。その牛たちは、結局死なせてしまいました。ショックでしたし、反省しました。直接的な原因は飼料のカビですが、本当の原因は自分自身のゆとりのなさであることは確かだったので。

それがきっかけで、牛飼いとしての食の安全への取り組み方について、真剣に考えるようになりました。現在、国内で使われている牛の飼料はほとんど輸入のものです。そのため、原料や品質にまで目を行き届かせることが難しいんですが、僕は自分の目で見て、納得できる餌を食べさせて大切に牛を育てることで、安全で安心できる牛の生産をしたい、と思っているんです。

その後、現在の牛舎に移りました。もちろん牛舎はここの一ヵ所だけ。負債は増えましたが、おかげで生活は一変し、時間的にも精神的にもずいぶんゆとりが生まれました。

そこで、それまでの取り組みだった子牛の生産に加えて、ずっとやりたかった「放牧牛肉の生産」をスタートさせることにしたんです。

小豆　放牧で牛肉生産をしているという例は、あまり聞かないように思いますが、肉の生産方法としては難しいのでしょうか？

そうですね。課題は確かに多いです。肉質をコントロールしにくくて、いわゆる「霜降り」が入らず、赤身の多いかたい肉になってしまうんです。それに、一頭からとれる肉の量も少なくなりがちです。また、このあたりは冬場の積雪が多いので、放牧牛肉の生産のやりにくい土地だとされているのも、難しいところです。

ただ、放牧牛肉は国内資源だけで牛肉を生産することができますから、自給率の向上につながりますし、自分の子どもを含めた次世代が食べ物に不安を持たずにすむようにということを考えても、放牧での牛肉生産にはメリットが多いと確信しています。

小豆　今、放牧牛は田中さんの飼養されている頭数の何割ほどですか?

五パーセントほどでしょうか。放牧牛一〇〇パーセントを目指したいところですが、農業経営面を考えると現状は難しいように感じています。それに、放牧牛はあくまで手段であって、目的は他にあると思っているので、そちらを重視して進めていきたいと考えています。

僕はもともと「牛が好き」という気持ちから牛飼いを志したので、牛舎ではなく、山のてっぺんの放牧場で草をはむ牛の様子をみるのが大好きなんです。ああいった幸せな光景を、消費者のみなさんにも身近に感じていただきたいと思いますし、牛に対して皆さんが抱いているイメージがもっとよくなればいいなと思っています。

実はもう少し若い頃、放牧牛肉をよしとするあまりに、同じ地域の他の畜産農家のやり方を否定するようなところもあったんです。が、この地域に長く住んで、経験を重ねていくにつれて、そんな考えがおこがましいことや、農業は地域と切り離して考えることはできないということに気がついたんです。今では、放牧牛を通じて地域をどう盛り上げていけるかということを考えるようになりました。

（上）田中畜産の牛たち。一頭一頭に名前がつけられている
（下）早朝生まれたばかりの赤ちゃん牛

たとえば、放牧牛を介してのコミュニティを作ることや、放牧場を作ることで、荒れてしまった山林の管理を進めること。こうした取り組みから、都会から来る人たちだけではなく、地元の人や子どもたちにも、地元の山や牛に対する関心を高めてもらって、普段から気軽に牛に接することのできる環境づくりができていけばと思っています。そうすることが、消費者のみなさんの食に対する意識を高めたり、地域の子どもたちが牛飼いという職業のことを知って、憧れたりすることにもつながっていくものと考えています。

小豆　お話を伺っていると、新規就農で畜産農家になるのは、相当難しいように感じますが……

同じ農業でも、野菜や米の生産農家になるのと比べて初期投資が多くかかりますからね。しかし結局は「牛飼いになりたい」という気持ち次第なのではないかと思います。

僕のところにも、牛飼いになりたいという若い方が来て、研修に入っていたことがありましたが、そうして来た時点では志望者の思いはまだ漠然としているんですね。そんな志望者に対して、こちらとしては心配なものだから、なんとか育ってほしいと、手取り足取り指導したり、手を貸したり、初心者なりのやり方を頭ごなしに否定したり。そうしてこちらの管理下に置くようなやり方をしていましたが、それでは長続きしない。そうではなく、いかに本人のやる気・本気を引き出させて、自発的に動ける人になってもらうかが大事なのだとわかってきました。

そのためにも、自分たちのような現役の牛飼いが、仕事に対する楽しさや充実感・やり甲斐、そして夢をもって日々従事することが大切だと感じています。その姿や思いを背中から感じとってもらうことで、新規就農で牛飼いをやろうという人がついてきてくれるのではと思っています。もし牛飼いをやりたいと感じたら、とにかく飛び込んでみてほしい。気持ちさえあれば、障害に感じられることもなんとか乗り越えていけるものだと、経験から実感しています。

自分自身、この仕事に感じる一番の魅力は、やはり家族と接する時間が長いことと、毎日大好きな牛と触れ合えること。牛が好きだという気持ちと、肉牛の生産という仕事とは相反するところがあるのではと言われますが、好きだからこそ、牛のことをもっと知ってもらうための取り組みをすすめていきたいと思いますし、牛を大切に育てることで、食生活を守りたい。牛が好きで牛飼いになった自分だからこそ、担える役割があると思っています。

＊＊＊

現在は、妻のあつみさんと二人で牛飼いの仕事に従事する田中さん。

まだ田中畜産の飼養頭数の五パーセントだという放牧牛肉ですが、その五パーセントにさまざまな可能性と夢を持たせて「放牧牛パートナー制度」を実施されています。対象となるパートナー牛が誕生してからの四年間、牛の成長記録の定期配信や、年に一度、パートナー牛と触れ合える山上の放牧場でのツアーを実施。そして、そのプログラムの最後には、四年間愛着をもって見守ってもらったパートナー牛の肉の提供が含まれています。

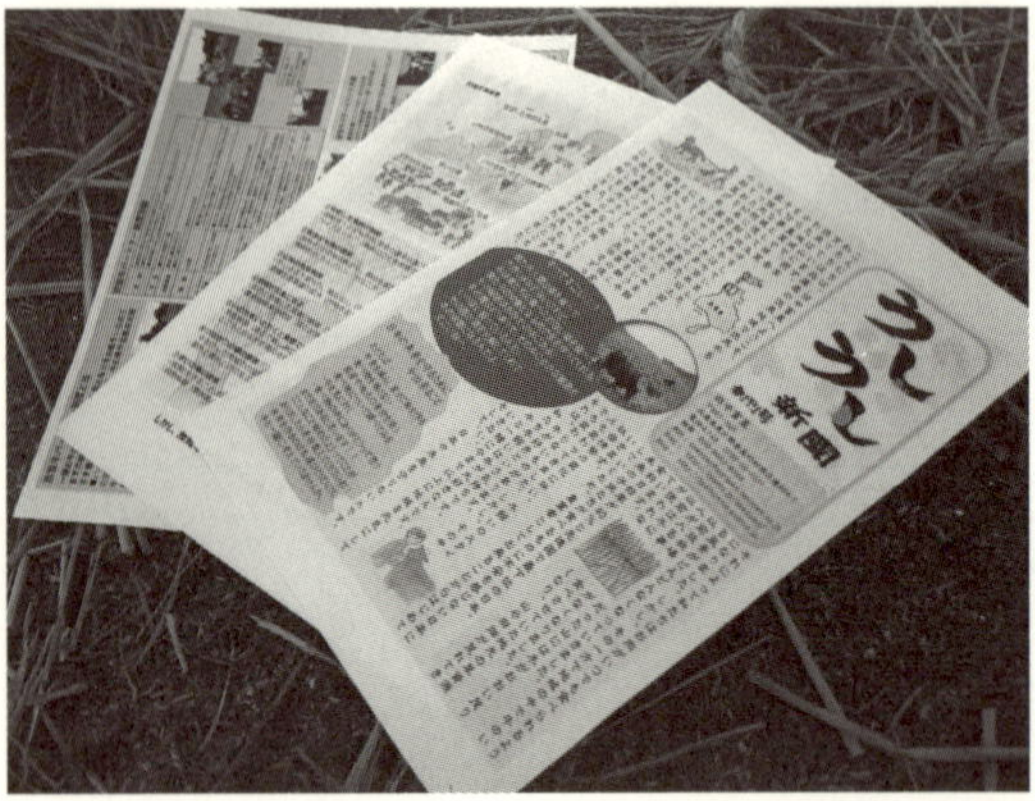

田中畜産発行の「うしうし新聞」。パートナー制度参加者に配布される

それは言うなれば、いつも口にしているあの牛肉と、命としての牛の存在とをリンクさせ、牛の命に感謝のできる、四年間をかけた貴重な体験づくり。

そういった取り組みに迷いなく参加し、真正面から向きあうことのできる人が、今の日本にどれぐらいいるのだろう。そして、自分はどうなのだろう……と、何だか頭を打ったような感覚になりながら、お話の最後にひとつ、田中さんにお尋ねしました。

「田中畜産の牛肉を食べてみたいと思ったら、どうしたら買えますか?」

牛肉の流通過程は非常に複雑で、個人である田中畜産では解体販売ができないため、生産者である田中さんの名前のはいった牛肉は販売されていないとのことですが、それ以前の話として、田中さんのお返事は至ってシンプルで、真っすぐでした。

「田中畜産の、ではなくて、〇〇(牛の名前)という牛の肉。そんなふうにしたいんです」

牛舎の牛一頭一頭に名前をつけて大切に育てておられる田中さんの信念が凝縮されたような、印象的な一言でした。

【田中畜産】
代表　田中一馬
所在地　兵庫県美方郡香美町村岡区境
ブログ「田中畜産の牛飼い記録～牛飼い始めました～」http://beefcattle.exblog.jp/

Column 5

〈コラム〉「農業には休みがない」は本当か？

サラリーマンから農業者への転身を考える方が、まず気にされることのひとつが、「農業を始めたら、休みがなくなるのでは？」

農業には休みがない。野菜や家畜など、生きている物を相手にする仕事ですから、そんなイメージを持つ人が多いのかもしれません。

しかし、ご安心を！　農業者にも、ちゃんと休みはあるのです。サラリーマン時代にはおなじみだった、土日祝日・盆休みに正月休みといった定期的な休日はなくなりますが、収穫時期などの農繁期に多忙な一方で、冬期など、農作業のシーズンオフである農閑期には時間に余裕ができるでしょうし、天候が悪い日には強制的に休みになったりも。また、手がける農作物によっても、休みのとれる頻度やタイミングは異なりますので、そこを考慮することで、ある程度自分の休みをコントロールすることも可能になります。

また、畜産業の場合でも、全国各地にヘルパー制度を実施する機関がありますので、それを利用することで休みをとれたり、近所の仲間と協力しあって交替で休みを確保することも可能です。

農業も自営業の一種ですから、すべては自分次第。体力や、精神力も必要な仕事ですから、無理せず適度に休みをとりながら、畑仕事と上手く付き合っていきたいものです。

（小豆佳代）

横浜から、女性の視点でトライする新しい農業の可能性

みなとまち横浜と、農業。

一見、縁遠いように思える両者ですが、意外にも、横浜は農業の盛んな地域。中心部を少し離れると、山手に向かって田園地帯が広がっていることに驚きます。

横浜近郊で農業を実践する女性農業者の活動を支援する横浜市の認定制度「よこはま・ゆめ・ファーマー」。

平成十八年に認定をうけたメンバーの一人である門倉麻紀子さんは、兼業農家に嫁いだことから農業の世界にはいった、異業種からの転身組です。

女性ならではのしなやかな感性と、都市近郊という好条件から、消費者のニーズを間近でとら

えた農業へ取り組まれています。五月下旬の快晴の日、青梅の収穫シーズンの最中でお忙しいところでしたが、門倉さんは笑顔で迎えてくださいました。

神奈川県横浜市戸塚区　ユアーズガーデン主宰
門倉《かどくら》麻《ま》紀《き》子《こ》さん〔44歳〕

●キーワード　都市近郊農業／女性農業者／食育活動

小豆　前職は、国際線の客室乗務員だったとか？

もう二十年も前の話なんですけどね。
その後、結婚して入った家が兼業農家だったんですが、主人は農業者ではなかったし、自分も農家に嫁ぐという意識はなかったですね。当時は柿の袋詰めやタケノコ掘りをちょっと手伝う程度でした。子育ても忙しかったですし……。

それが、子どもが大きくなって学校に通うようになってきた頃、子どもの友達のお母さんから、タケノコ掘りがしたいという要望があったんです。それにお応えしているうちに、農業に対して面白さを感じるようになって、だんだんと畑に出ることが増えてきたように思います。

私は旭川市の出身なんですが、生まれ育った実家に家庭菜園があったんですね。トマトやキュウリをもぎ取って食べたり、母に連れられて川の土手でフキをとったり。幼い頃のそんな体験を思い出して、農業を面白いと感じる自分の原点はそこなんだなあって思いました。

小豆　農作業をするにあたって、体力的な苦労はありませんでしたか?

たとえばタケノコは、四月のピーク時には父母と三人で一日で70~80本掘るので、体力的に確かに辛いんです。でも、そこは都市近郊で農業をすることの良さで、農作業を手伝いたいと言ってくださる方がいて、助かります。市民農業大学の卒業生の方がボランティアで来て下さったり、子どもさんのいるお母さん方が、子どもの体験がてら手伝いをしたいと申し出てくれることもあって、いろいろと助けられています。

農村だと「農作業=労働」だという感覚だと思いますが、このあたりでは畑仕事に違う価値を見てくださる方が多くて。畑仕事を楽しみにしてくださる方が喜んでお手伝いをして下さるので、そんな皆さんにすごく助けられています。

小豆　皆さんが畑仕事に対して持っている楽しみって、どんなことなのでしょうか？

シルバー世代の方は、土に触れることでご自分の健康維持を考えられたり、横浜の農業を少しでも支えたいという思いで、援農（農作業を手伝うこと）を申し出て下さいます。また、親御さんの中には、お子さんに農作業を通じて貴重な体験をさせたい、とおっしゃる方もいます。自分自身、幼い頃の体験が今に通じていることを実感しているので、その体験を一緒にできる機会にできていると思っています。食育活動としても、収穫体験などのイベントを実施していますが「教える」ではなく「一緒にする」ということを特に大事にしています。

たとえば、タケノコは足で探ってやっとわかる程度のものがおいしいんだと話しながらタケノコ掘りに挑戦してもらうとか、ポップコーンになるトウモロコシを乾燥させたものを、フライパンの上でバラしてポップコーンにする調理イベントとか。体験を通じて、野菜や食べ物のことをよく知る機会になりますし、子どもたちの将来に何かしらつながってくれればと思っています。

小豆　作物は、どんなものを手がけられていますか？

トマトにキュウリに、ナス、トウモロコシ、ジャガイモ、タマネギ……と、野菜は少量多品目のスタイルでやってます。うちは消費者の方への直売が主なのですが、横浜には核家族が多いので、一軒のご家庭で一品目の野菜をそんなに使わないんですね。だから、いろんな野菜が少しずつあるのが便利だろうと、買ってくださる方のニーズに合わせた作付けにしています。あとは、梅やイチジク・みかん・栗などの果樹もあります。ブルーベリーはようやく樹が育って、今年の夏からいよいよ収穫できるんですよ。

小豆　野菜を販売しようとするときに、門倉さんがまず考えることってどんなことですか?

女性的な心づかいを大事にしたいと思っています。

たとえば、よく見かける野菜の包装といえば、無色透明なビニール袋やパックなどに入ってい

畑のすぐ近くにはマンション群が

かわいらしいラッピングに包まれた野菜

てごくシンプルですよね。実用重視でいいと思うのですが、何となく「農産物はこういうもの」という固定観念にしばられているようにも見えるので、私の場合は、それより少し心づかいの感じられる形にと、できる範囲で工夫をするようにしています。

工夫といっても些細なことでいいと思います。たとえば百円均一のショップでかわいらしい袋やリボンを買ってきたり、いただきものをすると包装紙に包んであると思うのですが、そういうのを処分せずに置いておいて使ってもいいですよね。

うちでは小麦粉の生産販売もやっているのですが、小麦粉は、陳列している状態でいいものに見せることが難しいんです。でも、百円均一ショップで買ってきた袋に入れて販売すると、ちょっといいものに見えて、目を引いたりするんです。無色透明な袋に入れるよりも、手に取ってもらえやすくなっているように感じています。

それに、そうすることで、農産物がこれまでのような自家用だけではなく、人へのプレゼントにも考えられるようになってくると思うんです。今から人に会おうというときに、その人への手土産にしても無粋に感じられないようなね。

そんなことから、農産物が今よりもっと価値が出てきて、それがただ「高く売る」ということだけでなく、これまでにない目的に使われることが出てきたり、いろんな可能性を引き出すのではないかと思っています。

小豆　最後に、これから農業をしたいという女性の方にお伝えしたいことはありますか？

ひとくちに「農業」といっても、いろんな分野があると思うんです。畑仕事であったり、農加工であったり。食育活動もそうだと思いますが、その中で自分が好きなもの、強く興味を持てることに没頭してみることだと思います。それだと上達も早いですしね。

それに、好きなことに夢中になって活動をしていると、自然と応援者が増えるような気がしています。だから「好きなことをすること」と、「人に会うこと」。そこから、いろんな道が開けていくと思いますので、これから農業をされる女性には、その二点の大切さをお伝えしたいです。

＊　＊　＊

門倉さんご本人はあまり意識されていないということでしたが、元・客室乗務員だったころの経験や感覚が存分に発揮されて、それがあったからこその視点や気づきが、農産物の販売に上手く活かされているように感じました。

「よこはま・ゆめ・ファーマー」の活動を通じて、「横浜の農を楽しむ講座」として野菜を使った料理教室の講師を務めたり、直売イベントで消費者との直接の対話を通じて農業のことを伝えたり。横浜市主催の、起業をテーマにした勉強会にも積極的に参加し、既存のやり方にこだわらない販売方法の模索にも熱心です。
門倉さんの、女性の視点を活かした積極的な取り組みは、農業の現場にとどまることなく、多方面に広がっています。

【ユアーズガーデン主宰　門倉麻紀子さん】
北海道旭川市生まれ。短大卒業後、日本航空国際線客室乗務員を経て兼業農家に嫁ぐ。現在、両親やボランティアの人達と年間三十品目以上の野菜・果物を栽培しながら、子どもたちに自分の畑でさまざまな収穫や料理などの食育体験を行う。
よこはま・ゆめ・ファーマー、はまふうどコンシェルジュ、横浜野菜推進委員、ジュニアベジタブル&フルーツマイスター
ホームページ　http://www.yoursgarden.net/
【よこはま・ゆめ・ファーマーとは】
横浜市では、女性農業者がいきいきと働き暮らせる「〝農〟のあるまち横浜」を目指すため、農業経営や地域活動などに主体的に関わっている女性を「よこはま・ゆめ・ファーマー」として認定し、積極的に支援を行う制度を実施しています。

Column 6

〔コラム〕妻や家族が、就農に反対するのですが……

「どうしても農業をやりたかったのですが、妻が猛反対で。あきらめようと思っています」

就農志望者からの問い合わせに混じって、こんなメールをいただくこともあります。会社勤めをしながら、もう何年も産地に足を運び、農作業を手伝いながら地元の農家の方とのお付き合いを深めたり。農地のあたりもつけ、いよいよ就農を実現させようかというところまで至っていたのですが、それでも最後の最後までクリアできなかったのが、家族の反対。

就農には、家族の理解は欠かせないと言われています。農村部への移住を伴う場合も多く、家族の生活をがらりと変えてしまう決断になりますし、そのための多額の資金も必要。そして就農後にも、家族で力や気持ちを合わせることが必要な場面が山ほど待っています。

また、どうしても妻や家族の賛同が得られなかったにも関わらず、夫の気持ちのみで就農を強行し、数年後に離婚に至ってしまったという残念なケースもあります。

冒頭のメールには、こんなふうに続きがありました。「本当は僕自身、確かな自信が持てなかったんです。だから説得力に欠けたのかもしれません」

今は、会社勤めをしながら小さな畑を借りての、週末農業生活なのだそう。

農との幸せな関わり方は志望者の数だけあると思います。たとえ完全な就農を果たせなくても、自分に合ったスタイルで農に関わる暮らしをすることも、ひとつの選択ではないでしょうか。

（小豆佳代）

憧れの北の大地をでっかく耕す！
北海道農業にどう切り込むか

●キーワード　北海道農業／移住／定住

北海道と聞くと、果てしなく続く大空と、地平線を臨めるほどの広々とした大地。そして、その風景を作りだす要素としていつもそこにあるのが、畑の存在です。

それだけ北海道と農業とは切っても切れない関係にあり、その広大な土地資源を活かした北海道農業は、今や国内最大の食糧庫と表現されるほどの規模で、北海道経済や日本の食をがっちりと支えています。

「あの大自然の中で、でっかく農業をして悠々《ゆうゆう》と暮らしてみたい！」

北海道農業に、そんな憧れを抱いている方も少なくないのでは？　しかし、北海道の最大の魅力である「広さ」や「雄大な自然」が、就農においては逆に不安要素にも。農地面積が広大であるため、農業者としての認定要件になる最低耕作面積が他地域に比べて大きく定められていることや、農機の導入が必須になること。さらに、厳しい自然条件のもとで、安定した農業経営を行っていかなければならないことなどを理由に、新規就農者にとってハードルが高いとされがち。そのためか、北海道で新規就農を果たした例は決して多いとはいえないのが実状です。

しかし、例にもれず後継者不足や農業者の高齢化、そして人口の流出が深刻となっている北海道ですから、新規就農者、特に他地域からの移住をともなった新規就農者は常に切望されています。新しい農業の担い手に対して用意されている各種補助制度を利用したり、すでに地域で農業を営んでいる先輩農業者による助言やサポートを受けることで足場を固めつつ就農を目指せば、憧れの北海道農業も決して夢ではありません。

厚沢部の特産、メークイン畑

本書では、北海道の中でも道南に位置し、北海道特有の昼夜の寒暖差の激しさを持ちつつ本州に近い過ごしやすさを兼ね備えた気候条件や、交通アクセスの便利さなど、比較的移住や就農のしやすい条件の揃っている北海道檜山郡《ひやまぐん》厚沢部町《あっさぶちょう》の農業を例に、北海道農業をまずは知ることから。さらに、北海道での就農を実現させる道すじを探ってみます。

メークイン発祥の地、北海道厚沢部町の農業とは

函館空港から車で約一時間半。

北海道の中では比較的都市部とのアクセスが便利であり、また、道南に位置するため冬の積雪も比較的少なく、移住者にも過ごしやすいと言われる厚沢部町は、まちの八割以上を豊かな森林が占める、人口約４千７００人の小さな町です。

農業を基幹産業として、特産品であるメークインをはじめ、米・ダイコン・ニンジン・アスパラガスなどの生産に古くから精力的に取り組んでいる地域。十勝平野ほどの広大な面積ではないものの、一枚一枚の農地の広さは、やっぱり北海道。うねるような丘陵のラインが美しく、本州では出会えないようなスケールの大きな田園風景があちこちに見られます。

本州からの訪問者は、その広大な景色に単純に感動させられるのですが、その景色が保たれているのは、地域の生産農家の皆さんの日々の農作業があってこそ。

まずは、厚沢部町で代々農業を営む生産農家の若き後継者お二人に、北海道で農業をすることの楽しみや苦労、農作業の様子などをお聞きしました。

「栽培ｍｅｎ」代表
前田《まえだ》秀幸《ひでゆき》さん〔23歳〕

農家グループでの活動が強みになるし、楽しみでもあるんです。

前田農園の後継者として就農して三年。

一棟１００坪以上の立茎アスパラの温室を十棟管理し、その上水稲やメークイン・長芋などの生産にも取り組む前田さん。

家族三人でそれだけの規模の農園を運営するのは大変では？　と尋ねると

「収穫時期が重なるお盆前あたりには苦しいこともありますけど、厚沢部は北海道の中では一軒一軒の規模が小さい方なんですね。だから、やりやすい方だと思ってます」

高校卒業前に実家を継ぐことを意識し始め、十勝農業大学校に進学。実習を中心に、営農計画の立て方や青色申告の仕方など、農業経営についての諸々を学びました。

身近で農業を実践している父・幸弘さんの元での農業技術の体得も可能でしたが、あえてその二年間を外の世界で過ごしてみることで仲間づくりにも繋がり、また、技術や農業経営のノウハウが偏ったものにならずにすむというメリットがあったそう。

そんな前田さんは、厚沢部町をふくむ檜山地区の若手農家グループ「栽培ｍｅｎ」の二代目の代表を務めています。

「栽培ｍｅｎ」の主な活動内容は、隣町の江差町で月に一回開催される、朝市への出店。

「一軒だとどうしても品揃えが少なくなるんですが、グループだとそれが解消されて、バラエティ豊かになるんですよ。それに何より、みんなでやるのが楽しいし」

現在は父のもとで指示を受けつつ農業に従事しているため、大きな目標としてはまだまだ考えられないものの、現在の主な出荷先であるＪＡ以外にも販路を広げることができれば、と前田さんは話します。

直売をしに行けるのは、先にあげた江差町などの近隣地域か、車で一時間半の函館市。消費地まで距離があるため、そう頻繁に販売に出ることはできませんが、「栽培ｍｅｎ」の活動を通じてたくさんの人との出会いを求めることで、何かのきっかけになればと模索しているところです。

結婚を機に厚沢部町にUターン。これからの時代、農業は輝く！と信じて。

佐藤《さとう》貴彦《たかひこ》さん〔34歳〕

大学卒業後、厚沢部町から函館市に移り住み、タイヤメーカーに勤務していた佐藤さん。小学生の頃から、自分も畑を手伝ったりしながら、農作業に熱心に取り組む両親の姿を見てきたので、いったん外の世界に出てはみましたが、いつかは厚沢部の実家に戻って農業をすることを思い描いていました。

そして30歳になり、結婚。妻の智美さんと一緒に厚沢部にUターンし、念願だった就農を果たすことに。現在は、両親とともにメークインや大豆・小麦・大納言小豆・ニンジン・ダイコン・キャベツなどの生産に取り組んでいます。

「サラリーマンからいきなりの農業転身のようですが、それまでも、たびたび厚沢部に帰って畑仕事の手伝いをしていたので、技術面や体力面ではほとんど問題なかったと思います。けど、労働時間があまりに長くて休憩がとれないのが最初は辛かった。特に忙しい収穫シーズンなんて、朝の四時から日暮れまで、働きっぱなしなんですよ」

その苦労が収益となって報われるならいいのですが、そうではないことが多いのも悩みのひとつ。野菜の販売単価が年々下がるものの、生産にかかる経費は変わらず必要なので、見合う価格で販売したいところですが、なかなか自分が思う価格では売れないのが実情です。

厚沢部町には「野菜価格安定基金」という、厚沢部町とJA、そして生産者が共同で積立をしている基金があります。相場があまりに下がった場合などはそこから収益の補填を受けられるしくみになっていますが、基金のサポートを受ける一方、相場に左右されずに野菜を評価してもらえる販路ができれば、と現在のJAや函館の卸売市場に加えた販路の開拓も視野に入れています。

そうして厚沢部で農業に従事しはじめて今年で四年目。二年後には、いよいよ父親の代から経営移譲を受ける予定で、経営者としての新たな抱負も。

「土作りを大事に、いいものをより多く収穫できる農業を目指したいです」

そんな佐藤さん、日々農業に従事する上でのバイブル的な本をご紹介下さいました。

『2020年　農業が輝く』（相馬暁著・北海道新聞社）

農学博士であり、自身も野菜の生産を手がけていた故・相馬暁氏が、北海道農業の将来にエールを送る良書。現在は絶版となっていますが、古書店などで入手できますので、北海道での新規就農を目指す方は、ぜひ一読ください。

北海道農業に新しい可能性！新規就農者や後継者の離陸サポートも。

農業生産法人ノアール

北海道でサツマイモ生産。

あまりピンとこない組合せにも思えますが、厚沢部町では、平成十五年より焼酎製造会社からの委託をうけて、乙類焼酎の原料となるサツマイモ「コガネセンガン」が生産されています。本来九州を中心に作付けされ、北海道では不可能とされていたサツマイモ栽培でしたが、特産であるメークイン栽培の高い技術を活かして栽培に成功。本格生産にこぎつけました。

農業生産法人ノアール（代表　小堤文郎氏）では、そのコガネセンガンの育苗の部分を担当しています。栽培方法は巨大温室での水耕栽培。全部で畳600帖分はあるという可動式の栽培ベッドでは、コガネセンガンの苗の他に、各種ベビーリーフの栽培も行われています。

この温室、農業残渣（野菜くず等）や、併設されている焼酎製造工場から出る焼酎かすを再利用したバイオマスを熱源として稼働させており、また、町内の水道水が一〇〇パーセント湧水で賄われるほどの清らかで豊富な厚沢部の水を存分に活用。最新の技術を導入しながらも、厚沢部の自然の資源との共存を実現しています。

「北海道農業ってエネルギーをたくさん消費するんですよ。

寒冷地ですから冬はハウス内に暖房が欠かせませんし、農地が広大だからトラクターを使わな

（上）畳600帖分はある栽培ベッドでは、ベビーリーフやサツマイモの苗を生産
（下）地元農家の農閑期の収入源にも

いといけないでしょ。そういう面では他地域に比べて不利がありますが、こうしたシステムを導入することで、廃棄していた野菜くずや焼酎かすが有効に使えますし、エネルギー面でのコスト削減につながってます」

ノアールでは、厚沢部町内の農業者の冬期の仕事づくりとともに、従業員に後継者や新規就農者を優先的に採用し、就農時の離陸サポートの役割も担っていく考えです。

「他地域から……特に北海道以外からの新規就農を考えている方にとって、北海道での農業生活になじめるのかどうかというのは大きな不安になると思います。

あと、農地を取得するにも、いきなり他からやって来てというよりも、滞在しながら実地調査したり、地元の方と親しくなって情報を得ながらいい土地を探す方がスムーズですし。その就農準備中の働き口として活用していただくのもいいと思います。近隣の宿泊施設とファームインとしての連携も計画中。まずはお試し、という感じで厚沢部での農業や生活を体験してもらうための受け皿になれたらと思っています」

さて、どう切り込む？　厚沢部町での新規就農

「現状はいいんです。けど、今やっている次の世代を担ってくれる人が少なくて」

と、厚沢部町農業の現状を語ってくださったのは、厚沢部町農業委員であり、自身もコガネセンガンやメークインの生産を行う外崎明さん（46歳）。

厚沢部町にも年々耕作放棄地が増えてきてはいますが、住宅のある場所や水源から離れた不便な土地であることが多く、条件のいい土地は現状、きちんと管理が行き届いています。

しかし、その土地を管理する農家も年々高齢化が進んでおり、また後継者がいるとも限らない実情も。そんな、後継者の見込めない現役農家と新規就農を志す人とがつながってくれれば。そのためにはやはり一度ではなく二度三度の訪問、または長期滞在によって、地元とのネットワークや信頼関係を築いてもらうのが理想的だと外崎さんは話します。

厚沢部町をたまたま通りがかったツーリング中のライダーが、地元農家と親しくなり、そのま

ま就農に至ったというケースもあり、やはり就農の成否には人の縁が大きく関わるようです。

新規就農に、あそこはどうか……とイメージする地域がある方。思案するよりも、まずは現地に足を運んでみてはいかがでしょうか。地元農業者とコミュニケーションをとり、つながりを作ることが、新規就農にあたっての最大の道標になることは間違いなさそうです。

【厚沢部町・新規就農者向け支援情報の例】

・新規就農奨励金　１００万円（交付は一人または一世帯に一回限り）

・厚沢部町ふるさと定住促進事業
定住促進奨励金　単身者５万円　家族帯同者10万円（同一人につき一回）

・厚沢部町持家建設促進事業　奨励金額　50万円

厚沢部町では、地域農業の振興と持続的発展を図るための支援策が各種用意されています。認定要件などの詳細については、厚沢部町役場までお問合せください。

厚沢部町農業委員会事務局　笹森　☎０１３９・６４・３３１１

〔取材を終えて〕

大切なのは情熱と行動力。そして、人とのつながり。

新規就農を実現するのは、難しい。

一般に言われているそれはやはり事実なのだと、取材を終えて改めて感じました。読者のみなさんにもきっと、厳しさを読みとられた方が多いのではないでしょうか。

農業技術の習得・条件のよい農地の取得・多額の初期投資。そして、家族など身近な人の理解を得ること。まったく何もないところから就農への道すじをつけることは確かに大変なことですし、それらをクリアしてようやく就農にこぎ着けたその後も、農業経営を軌道に乗せるまでにはさらに多くのハードルが待ち受けています。

なかでも大きなハードルとなるのが、販路開拓でしょうか。

自然相手に慣れない農作業に追われる中で販路開拓を行うことは、時間的にも体力的にも決して簡単ではありません。しかも、販売先はどこでもいいというわけではなく、できればやはり、大事に育てあげた農作物を正当に評価してくれる販売先に出会いたいところです。

新規就農して間もない頃は、その販路開拓のための活動も試行錯誤ということで、知人を頼ったり、自ら軽トラックを運転して市街地へ販売しに行ったり。それでも販売しきれずに、畑に残っている農作物を見て途方に暮れている……これまでそんな状況も目にしましたし、そうした末に経営が立ち行かなくなり、ついには農業をやめてしまうという残念な結果を目の当たりにしたこともありました。

と、いきなりネガティブなことばかり書いてしまってごめんなさい。

厳しい状況も確かにありますが、ここは是非見方を変えて、今回取材に応じてくださった先輩方のお話から「農業経営をどうやって軌道に乗せればいいか」を読みとってみていただきたいと思うのです。

そのためのキーワードが「人とのつながり」。

今回伺ったお話すべてに共通することですが、農家であってもただ黙々と畑に向かうだけではなく、皆さん積極的に人とのつながりを求めて外の世界に出て行かれています。

たとえば、兵庫県丹波市の井上さんは、ファーマーズマーケットに出店することで消費者や農家仲間との出会いを求めたり、農家仲間との交流イベントを自ら主催されることもあります。

横浜市の門倉さんは、横浜市主催の起業塾に通うことで、農業者としての枠にとどまらず、経営者としての人脈を増やされていますし、北海道厚沢部町の前田さんは、地域の若手農家を束ねて、そのメンバーと一緒に情報交換や販促活動に積極的に取り組んでおられます。

そうしてさまざまな人との交流を持つうち、自分の農産物の広報につながることはもちろん、思わぬ消費者ニーズに気づかされたり、農業経営のヒントを得たり。また、販路開拓やその他の助けとなるビジネスパートナーとの貴重な出会いも出てくるかもしれません。

「人と接するのが苦手だから」という理由から、自分は農業に適性があると考える方も少なからずいるようですが、就農する＝一経営者になるのだと考えると、やはり人との交流は欠かせないものだと思います。

新規就農後、何かと苦しい場面の多いときにこそ、時間を惜しまず外に出会いを求め、人とのつながりの中からヒントを得て、活路を見出してみてください。そうするうち、無事に農業経営が軌道に乗ったその時は、先輩農業者として、ぜひ、後から来る新規就農者への何らかのサポートをしていただければと思います。

困ったときには外に力を求める、そうして得た力を、今度は次の人へと還元する……そんないい循環が、次世代へと農業のバトンを引き継いでいくことにつながっていくのだということを、取材の中から感じました。

さて、この本の原稿を執筆している間にも、新規就農に向けて活動中のお二人の方から、私宛にメールでご相談をいただいています。

内容はいずれも「新規就農してうまく継続している先輩にお会いしてお話を伺いたい。よかったらご紹介ください」というもの。きっと、新規就農後に自分はいったいどんな暮らしをしているのか、楽しい面もつらい面も含めて、そのリアルな姿を垣間見てみたいという思いからメールを下さったのだと思いますが、これもまた、人と人とのつながりで何かしらクリアできることであればと思い、詳しくお話を聞いた上で、できる限り対応するようにしています。

まさにそんな方に参考にしていただきたく今回ご紹介した、さまざまな地域のさまざまな農業者の農業スタイル。日々感じる楽しさや充実感とともに、苦労話も色濃く含まれていますが、お読みになって、やはり農業を選択することに確かな魅力を感じられるのであれば、是非、実際に産地に足を運んでみていただきたいと思います。

テレビや本・インターネットでの情報収集だけでは限界があり、実際に足を運ばなければ得ることのできない貴重な情報もたくさんあります。

何としてでも就農を実現させたい！　という就農への情熱こそが行動への原動力になりますし、途中のハードルをクリアするためのいちばんの近道となるのが、行動を起こすこと。そして、行動を起こした先でできる人と人とのつながりを大切にすることで、新規就農の実現へと一歩ずつ確実に結びついていくものと思います。

本書でお伝えしました先輩農業者からのエピソードが、あなただけの「農業スタイル」実現のために、何かしらのヒントやエールになれましたら幸いです。

レッドビーンズ　代表　小豆 佳代

Column 7

〔コラム〕　就農前の今から意識したい「何をつくる？　どう売る？」

「サラリーマンなんてやってられないですよ。残業や休日出勤が多い割に給料が少ないし。ここらで辞めて農業でも、と思うんですが」

私の元には、そういったご相談がしばしばあります。

農業をなめている！　と、憤られる方もいらっしゃるでしょうが、私は、それも就農を考え始めるひとつのきっかけだと考えて、前向きに対応するようにしています。

が、「現状からの脱却」だけが動機になってしまっている方の場合、農業の現状を伝えた途端、逃げるように連絡が途絶えることも多いのが、残念な現実。

もったいないですね。動機はどうあれ、せっかく目を向けた農業の世界です。

即あきらめてしまうのではなく、その現状を打破することはできないのか、いや「どう打破してやろうか」と考えることで「つらい・儲からない・報われない」イメージから一変、やった分だけ報われるやり甲斐のある仕事に変えることができる。能動的に物事を考えて行動できる人には、大きな可能性を秘めた仕事が、農業だと思うのです。

そして、そちらへ向かうために考えておきたい大きな要素が「何をつくる？　どう売る？」ということ。

就農するということは、たいていの場合「自営業をスタートする」ということと同じです。

ただ毎日畑を耕すだけでは成り立たず、何を作るか・誰に売るか・どう売るかなどを考え、売ってはじめて収入が得られ、継続していけるもの。そして、それを考えるのも実行するのも、他でもない農園の主＝経営者であるあなた自身なのです。

何となく漠然と就農を目指すのではなく、「販売すること」を意識しながら自分の目指す農業スタイルをイメージし、就農へのステップを踏んでいくこともひとつの方法。あなたは何を作って、どう売る農業をイメージしていますか？

農協の組合員として安定をとるか、自立の道を目指すか。

まず、大きな分岐点となるのが、こちら。

農協の組合員になると、収穫できた農産物をどっさりと買い上げてもらえるので、販売先を自力で開拓する「営業」の手間がいりません。

農作業をしながらの営業活動は時間も労力もかかりますし、生産者の責任において出荷をすることはリスクも伴いますので、農協への出荷でそれらを省略できることは大きな魅力ですが、それは同時に「常に農協に主導される農業になる」ということにもなります。

たとえば、

・農産物が、特産品であるなど、その地域の農協の推奨する作物であるかどうか

・農協の定める規格にそったものか

・選別されているか。また、その仕方はどうか
・箱や袋が農協指定のものであるなど、農協の定めた形の梱包ができているか
など、生産者の意志ではなく、農協の定める基準によって取引額が決まるのが、農協への出荷。

ということは、結果として生産・出荷コストに見合わない額になる可能性もありますし、栽培方法や品種を「これだ」とこだわって育てた自信の農産物であっても、農協の基準から外れるのであれば、それは商品価値の低いものと見なされてしまいます。

そのよい例が、有機栽培農産物・無農薬栽培農産物など、農薬や化学肥料を使用せずに生産された農産物。いくら安全性の高いおいしい野菜であっても、形がいびつであったり、大きさが一定基準に満たない・または大きすぎる、虫食いが多いなどの主に「見ため」で規格外だと判断され、評価が低くなってしまうことが多いため、農協出荷に向きません。その場合は、高く評価してくれる販売先を開拓し、そちらに販売することが得策です。

先に挙げた条件をクリアすることで、農協へ安定的に出荷することが可能ですし、農協組合員になることで融資を受けやすくなったり農業技術や営農のサポートを受けられたりと、得られるメリットも数多くあります。しかし、その一方で自ずと農業スタイルは型にはまったものになってしまうでしょう。

農協組合員になることで、安定をとるか。それとも、農協に頼ることなく自立の道を目指し、やり甲斐をとるか。自分なりの信念をもって農業をはじめる新規就農者には後者が圧倒的に多くなっていますし、最近は農協組合員であっても、レストランや小売店への卸販売や、

インターネットを利用した産直通販など、独自の販売ルートをあわせ持つ生産農家も増えています。

自分が作った農産物を「自分が作った農産物」として、誇りをもって販売することができるのが独自で販売することの最大の特長。販売ルートを確立するまでには苦労もありますが、そこから見いだせる可能性は、物質面・精神面ともに無限の広がりを持っています。

【独自販売で得られる、主なメリット】

・販売価格を自分の意志で決定できる。
・生産にあたってのこだわりを情報として添えることで、個性を打ち出し、商品価値を上げることができる。
・生産者側から現場の事情を伝えつつ、無理のない条件で取引をすすめることができる。
・農協や市場出荷では規格外扱いとなる農産物も、工夫次第で出荷することができる。
・農産物だけではなく生産者への評価も得られ、生産者自身のファン獲得につながる。
・消費者や料理人など、農産物を利用する人の声を直接聞くことができる。クレームや要望などを次回以降にフィードバックさせることで、さらに消費者ニーズをとらえた提供ができるなど、いい循環が生み出せる。また、自分の農産物を食べる人の喜びの声を直接聞くことは、何にも代えがたい精神的な充足感につながる。

【独自販売のデメリット】

・販路の開拓から、販売価格や取り引き条件決定までの交渉、そして代金回収に至るまで取引に関する諸々をすべて自分で行わなければならない。
・農産物を自分の責任において出荷するため、出荷したものに何らかの問題があった場合、その対応や補償などもすべて、自分自身で行わなければならない。
・農協出荷であれば容易に得られる信用（産地や、ブランド産品としての証明）がない状態で販路を開拓しなければならないため、信用を得られるよう努める必要がある。

独自の販売ルート開拓、たとえばこんな方法があります。

・インターネットの活用

時間帯や地域を問わず営業活動のできるインターネットは、多忙な農家の強力な味方。豊富な画像や文章を使って、農園の概要や手掛けている農産物の紹介、作り手である自分自身の日々の努力や心意気などを思う存分発信し、一般消費者・業者・マスコミなど、多くの人に知ってもらえる機会をつくりましょう。

また、訪問者を待つだけではなく、対面販売などで直接会った人にホームページＵＲＬを記載した名刺やチラシなどを手渡しておくことで、あとでじっくり見てもらえる商品カタログとして、さらに、その後の継続した情報発信ツールとしても活用することができます。

また、ショッピングカートシステムを導入した通販サイトとして運営することも可能です。上手くすれば強力な販路に育て上げることもできますが、それにはサイト維持費や管理の労力、そして訪問者を惹きつけるためのノウハウの研究や、さまざまな試行錯誤は必須。そのため、本格的に取り組もうとする場合は、片手間ではない専任者をおくことが理想的です。

通販機能のない情報発信のみのホームページでもまずは十分。日々の農作業とのバランスを計りながら、まずはできる範囲で、メールや電話を問合せ窓口としたホームページを立ち上げ、インターネット活用のスタート地点とするのもいいでしょう。ホームページ制作の知識のない場合は、比較的簡単に立ち上げや更新作業のできる、ブログを持つことをおすすめします。

・レストランなど飲食店への卸販売

飲食店の場合、市場を通じて仕入れが行われる場合が多いですが、近年は「産地直送」「生産者の顔が見える」「安全安心」「旬のもの」にこだわって野菜を仕入れることで特色を出している店や、野菜を添えものではなく、料理のメインとして前面に出す店が増えており、産地の生産者に直接野菜が求められることも多くなってきています。

その取っ掛かりとして、飲食店側はまずネットで情報を収集して生産者の目星をつけることが多いため、その受け皿としてやはり農園紹介のホームページは用意しておきたいものです。

また、生産者からの提案も有効です。サンプル持参で挨拶に行くとよいでしょう。ただ、その前に相手となる店のことをよく知り、その店の求めるものをきちんと把握することが、よい提案をするための大前提であり、相手方に対する礼儀でもあります。まずは一人の客として店に行き、料理を楽しむ。そうすることが、よい関係づくりへの近道です。

飲食店との取引では、調理するものだからと野菜の見た目にこだわらず、同じ品質でも安く仕入れることのできる無選別品や規格外品を求められる場合も多くあり、飲食店側はもちろん、生産者にとっても効率がよく、メリットのある取引になります。

・直売所、ファーマーズマーケットの利用

近年は農協が運営するものも増えてきていますが、多くは個人農家のものや、その地域の農家がグループを組んでの共同出資によって運営されているもの。収穫したばかりの新鮮な野菜を店頭に並べ、消費者と対話しながら提供できることが、生産者・消費者双方にとっての大きなメリットとなっています。

出品する品目や価格などは自分で決められますが、価格については突出した高値で販売することは難しく、手頃なところで他者と横並びになりがちなのが難点。また多くの場合、売れ残ったものについては生産者側の引き取りとなります。たくさんの人の目を惹きつけ、手に取ってもらえるよう、品目や品種・見せ方の工夫が必要です。

・その他、こんな販売の仕方も

加工業者や小売店など、飲食店以外にも卸販売のできる対象はいろいろ。個々の業種の特性や求められるものを知り、また、農産物のよさや上手く伝えることで上手に取引をすすめたいものです。また、口コミやチラシ配布で個人消費者向けの定期的な宅配を募ったり、観光農園として畑を開放し、収穫体験も含めて販売するという方法もあります。

手掛けようとする農産物や、本書にある先輩農家の事例も参考に、さまざまな販路をイメージしてみてください。

これから始める！　新規就農者のための「独自販売」三つの心得

・就農したばかりの頃には、ピンチがつきもの！
固定観念や常識にとらわれない柔軟な発想で、ピンチをチャンスに変える工夫を

【ケース1】トマトの常識＝赤く熟した状態で食べる。

トマトは「赤く熟した状態で食べる」というのが、誰もが周知の常識となっています。

しかし、丹波篠山あくあファーム（兵庫県篠山市）では、赤いトマトを販売する傍ら「青いトマト」も販売しています。品種は一般に出回っている「桃太郎」ですから、赤く熟したものの出荷が主ではありますが、まだ真緑色の未熟なトマトも販売してみると、予想以上の好反応。ジャムや中華風の炒め物など、赤く熟したトマトとは全くちがった利用の仕方をあわせて提案することで、トマトに対する新しいニーズを生み出すことができています。

珍しい試みとしてマスコミに取り上げられるなど、思わぬ効果もあった「青いトマト」ですが、もともとは冬期のハウス栽培に、予期せぬ重油高騰によって暖房を入れることができなくなり、赤く熟させることのできないトマトが大量に出たことからの苦肉の策でした。

廃棄するよりはと思いきっての試みでしたが、馴染みない食べ方の提案にレシピ開発などで丁寧に取り組んだことが、消費者の支持につながったのでしょう。

赤唐辛子は葉の部分もおいしい

【ケース2】赤唐辛子の常識＝実の部分のみを乾燥させて使う。

農村部の直売所でよく赤唐辛子を見かけますが、そのほとんどが乾燥させた実だけのもの。旬の時期であってもそうです。保存性は高いですが、農家にとっては手間がかかる上に、湿度の高い山間地域では、完全に乾燥できるまでの間にカビが発生することもしばしば。

農薬や化学肥料を一切使わずに農産物を栽培しているのり・たま農園（兵庫県篠山市）では、赤唐辛子を「葉つき赤唐辛子」として販売しています。実を摘みとらず、乾燥もさせず。畑からとってきたそのままの、フレッシュな状態での販売です。

商品価値のないものとして廃棄されてしまうことが多い葉の部分ですが、葉だけを摘みとり、醤油や酒で煮詰めて「葉とうがらしの佃煮」とするのは、知る人ぞ知る楽しみ方。葉の部分を活かした調理方法の提案と、都市部の店頭ではまず見かけず、産地であっても旬の時期にしか手に入らないという希少性があいまって、都市部の消費者の人気を呼んでいます。

さらに「葉つき赤唐辛子」は、農家にとっても、廃棄していた部分を活かせることと時間と手間をカットすることで効率アップを図れる、一石二鳥の販売方法。

周りの常識を一度疑ってみること、そして手を加えるばかりではなく省力化すること。そんなことから発掘できる新たなニーズも、ぜひ探ってみたいものです。

・農家にとっての「当たり前で、価値のないもの」が、消費者の気持ちを動かす！
そのために忘れないでおきたい「消費者視点」

多くの消費者にとって、スーパーに並んでいるあの状態のものが「野菜」。

農村と都市との物理的な距離、または流通上の隔たりがあるため、畑で野菜がどんなふうにできるのか、農家がどのような作業を経て野菜を生産し、出荷しているのかまでを消費者が知ることのできる機会は、ごく少ないのが現状です。

そのため農産物や農業の現場に対する消費者の無理解が問題視されることもしばしばですが、それを逆手にとって、農産物のアピールに活かすことを考えてみましょう。

たとえば……という実例紹介は、ここでは不要でしょうか。

今現在、消費者であるあなた自身が、農村へと足を運び、農家の方の話を聞いたり、農業の現場を間近に見たときに持つ感覚。おそらく、見るもの聞くものあらゆることを新鮮に感じ、驚きや感動を覚えるのではないかと思います。その実体験こそが、何よりの実例です。

ひとたび就農してしまうと、途端に「当たり前で、価値のないもの」になってしまいがちなそれらですが、就農後にもたびたび消費者視点に立ち返ってみることが、消費者は何に魅力を感じ、どんなことに気持ちが動くのかを考えるための大切なヒントになるのです。

・世界でここにしかない「自分が作った農産物」。自信と誇りと気概をもって、努力が報われる販売先づくりを！

最後になりましたが、何を販売するときにも基本中の基本となるのが、これ。

商品のことを熟知すること。そして、その商品に対して自信と誇りを持つことです。

農家にとっての商品とは、自らが丹誠込めて育て上げた農産物です。その農産物を熟知していることは言うまでもありませんし、それに対して最も強い愛着を持っているのも、育ての親である生産農家に違いありません。つまり、その農産物にとってもっとも優れた営業マンになり得るのは、他でもない、生産農家であるはずなのです。

しかし、これまで私が出会った農家の方は、その多くが営業上手なようには見受けられませんでした。謙遜でもあり不器用でもあると思いますが、いいものを作っているのにもったいないないなあと感じたことが少なくありません。

朴訥としていていいのです。裏づけとなる事柄などは後でもかまいません。

まず相手の心をつかむのは、農産物に対する揺るぎない自信と誇り、そして「食べてほしい」という気概ではないでしょうか。それがベースにあれば、販売のアイデアや農産物の良さを伝える表現方法も自ずと浮かんできやすいものです。

世界でここにしかない「自分が作った農産物」。ドンと自信を持って、その良さを十分にアピールし、毎日の農作業への努力が報われる販売先を作っていきたいものです。

（小豆佳代）

第3章

就農までの準備

株式会社キャリアント　代表
水越　弘美

〔起業・就農までの心構え〕

数年前の起業ブームが落ち着き、当時より「起業」という言葉を目にすることが減ってきました。そんな中、今度は「農業」という言葉を目にする機会が増えてきましたが、これは多くの人が農業について興味を示しているという状況であるといえます。

就農について考える前に、一度起業と就農について考えてみますと、起業とは事業を起こすことであり、仕事の内容からその後の展開までを考え、実行して利益を出していくものです。その業務内容は多岐に渡り、物販だけでなくサービスや情報、空間などをも商品として販売していきます。そして就農とは、農の業に就くことであり、その内容は農作物の作成からその販売、また家畜などの飼育も農業に含まれ、通常の起業と同様、基本的な流れである業を行い、利益を出すという流れがあります。農業の意味は、「地力を利用して有用な植物を栽培耕作し、また有用な動物を飼養する有機的生産業（広辞苑より）」とあります。就農は起業の一種に含まれますが、地力や動物を利用して行う関係で、通常の起業より生産物が販売できるまでの期間がかかるため、それにより多くの時間が必要となる点に注意が必要です。

その他にも、収穫や日々の作業・出荷などのための「人（労働力）」、日々の生活・作業用機械、初期の種や動物の購入のための「資金」、農業を行う際の「土地」、さらに、法律上の「農地法の許可」が必要になり通常の起業より就農までに多くのハードルがあるのが現状です。

そこでこの本では、就農までのハードルを少しでも下げられるように、後半では、就農の際に役に立つ情報や手続きを紹介しております。

〔就農までの準備〕

早速、就農をするために必要な物を具体的に説明していきますと、就農のためには、①資金、②土地、③就農のために必要な農地法の許可・届出、④人（労働力）、⑤就農計画（生産・販売）、以上の五つの要素が必要となります。

①就農のために必要な資金

就農時必要な資金には、大きく分けて1土地取得費用、2農業準備資金、3生活資金の三つの資金を考える必要があります。1の土地取得資金とは、文字通り農業を行う際に必要となる土地の取得費用のことです。土地取得費用は、就農を行う地域や面積によって異なってきます。本来では土地の面積は自身の計画により面積を決めてコスト管理をしたいところですが、のちほど紹介します、農地法の許可を取得するために、地域によって最低限必要な土地の大きさがあるため、勝手に決めることができず、農地法の許可のための土地の確保と費用を考える必要があります。

土地取得には、A土地を購入する場合、B賃借する場合によって必要資金が異なります。Aの購入する場合には、初期投資費用が多くなりますが、月々の賃料や賃貸借関係の契約の際に解約条件や生産制限などがある場合があるため、購入すればその心配がなくなります。Bの賃借の場合には、Ａの際の逆で初期投資費用が少なくなる代わりに、賃貸借契約による条件などの制限がある場合があります。

このように、購入か賃借かによっても必要な資金が異なるので、就農計画では以上の点を考慮しつつ、準備できた資金と相談しながら、購入か賃貸かを判断して計画を立てる必要があります。

次に、２の農業準備資金について説明しますと、農業準備資金とは農業を行うために必要なＡ工具や機械、Ｂ種苗や動物・肥料などの初期備品購入費用のことで、Ｂの初期備品費用は農業を行う上で最低限必要となるものであるため削れない費用となりますが、Ａの工具や機械につきましては、自己購入以外で賃貸や地域などでの共同購入により費用を下げることが可能です。

３の生活資金とは、農業は一般的な起業と少し違い、商品を生産・飼育していく必要があるため（例・種を撒き↓育成↓収穫↓販売の後収入となる）、通常の起業より販売して投資資金を回収するまでに長い期間が必要となります。そのための初期設備投資資金以外に、日々の生活ができるだけの貯えが必要となるため、最低でも一年間は無収入で生活できるだけの準備資金が必要です。できれば二年間分５００から６００万円程の準備金を用意して、就農の準備計画を立てる必要があります。

生産から販売までの主な流れ

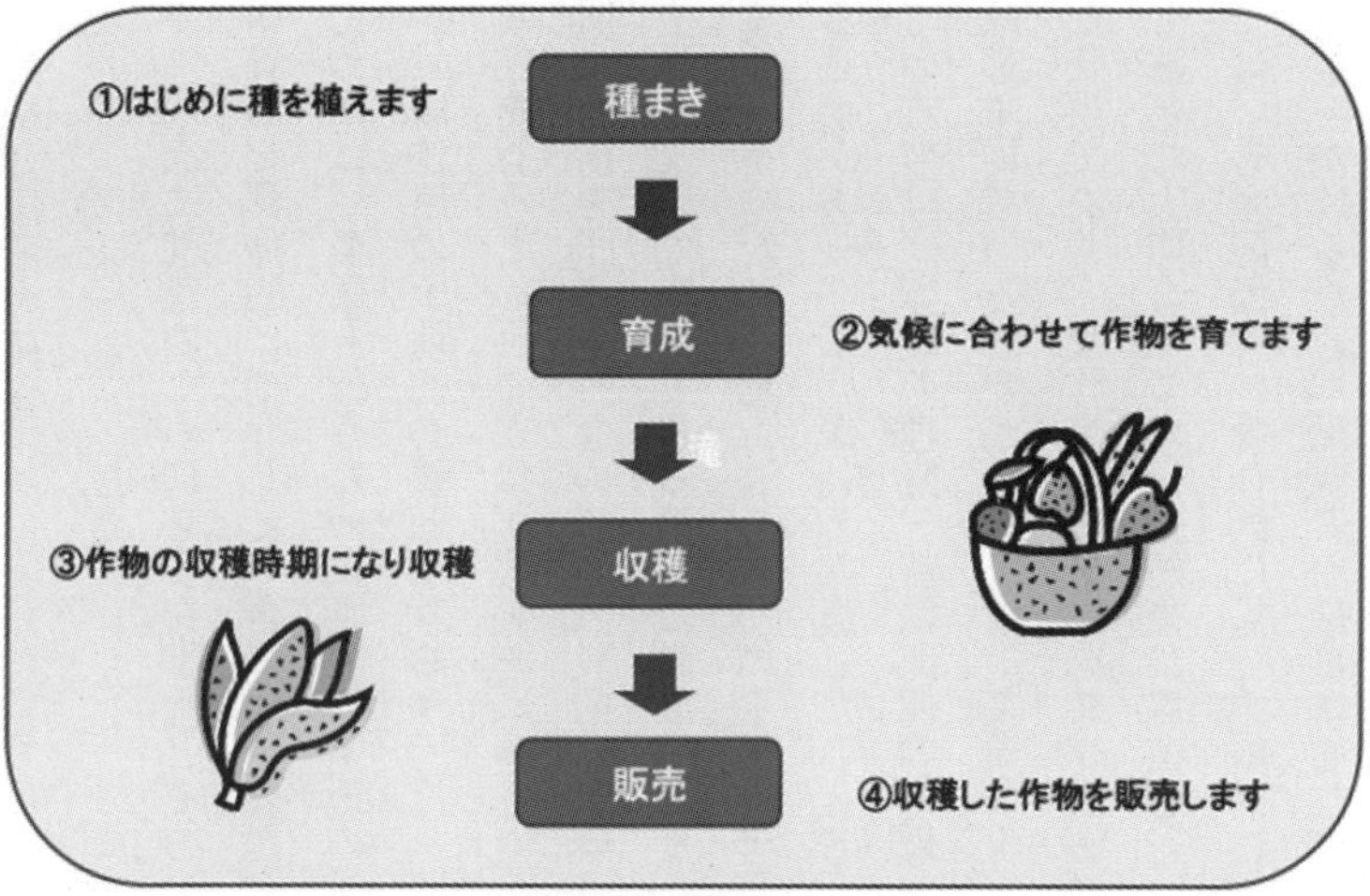
①はじめに種を植えます
種まき
育成
②気候に合わせて作物を育てます
③作物の収穫時期になり収穫
収穫
販売
④収穫した作物を販売します

就農で必要な資金

①土地取得費用
耕作する土地を取得する費用
購入・賃貸によって異なる

②農業準備資金
工具や機械、種苗や動物・肥料などの初期
備品購入費用の事

③生活資金
2年間無収入で生活出来る位
500万から600万円程

②就農のために必要な土地と費用について

・農地と居所の確保について（その費用と注意点）

では、次に就農のために必要な土地とその取得費用を具体的に紹介していきます。就農のためには、農業を行うために必要な土地のほか、居住用の土地も必要となります。

農業を行うということは、農地を取得した場所で生活をすることなので、一般的に農業は土地が安価で取得できる地方での取得となります。そのため、地方暮らしでの生活も考える必要があり、家族がいて就農したいと考えている方は、家族の理解、特に配偶者の理解は必ず得ている必要があります。農業は大変な仕事であり、農作業の労働力の確保はとても重要で大切な点です。結婚後に農業を行うには、必ず配偶者に身体的にも、金銭的にも負担をかけるため、配偶者が就農に対して理解を示し、積極的に支援してくれる状況と、

農地の平均販売価格（単位：千円 /10a）

	水田（平均価格）	畑（平均価格）
全国	1,441	998
北海道	276	129
東北	756	432
関東	1,840	1,830
東海	2,508	2,230
北信	1,761	1,123
近畿	2,324	1,563
中国	877	483
四国	2,037	1,059
九州	1,080	718
沖縄	897	1,158

出典：全国農業会議所「平成20年度版　田畑売買価格等に関する調査結果」

そうでない状況では、精神的にも、肉体的にも差が出てきますので配偶者の理解を得るのは最重要項目となります。

次に、お子さんがいる場合には、お子さんの転校が必要となり環境が変わる可能性があるため、お子さんの理解と精神的なケアが必要となります。また、就農先に学校があるのか（学校統合などで、学校までの道のりが遠い可能性もある）病気などになった際の病院までの距離など、日々の生活の上で不便がないか、健康な状況以外も想定して就農する場所としてだけでなく、居住地としても土地を見て決める必要があります。

このように、就農場所を決めるにも居住地としても見る必要があり、さらに就農する際に生産を予定している作物や動物に適している環境であるかの判断も必要となるため、就農地を決める際には一年を通じてその土地を体験するのが、就農してから予想と違い後悔

水田の借地料（小作料）（単位：円 /10a）

	平成19年度　実納小作料	平成19年度　収穫高	小作料割合　%
全国	14,839	107,150	13.8
都府県	15,018	108,789	13.8
北海道	12,361	81,590	15.2
東北	18,532	106,399	17.4
関東	16,126	100,458	16.1
東海	11,303	94,071	12.0
北信	17,661	112,627	15.7
近畿	10,138	96,214	10.5
中国	9,551	94,765	10.1
四国	14,276	201,750	7.1
九州	16,025	137,724	11.6
沖縄	6,312	121,063	5.2

出典：全国農業会議所「平成19年度版　水田小作料の実体に関する調査結果」

するということが少なくなります。

このように、土地を購入し、就農を行うということは、その後その土地で長期的に生活していくことであるため、就農の際、土地を決める前に、家族の理解を得て生活環境として土地を体験して、就農を考えている先の土地へ長期滞在を行い、日々の生活を実際に行いながら地域の人と触れ合い、そしてその後の就農までのイメージを作成して行くことが後悔の少ない就農へとつながることになります。

・就農支援制度の話

農地の売買価格の表から分かるように、全国平均の水田価格は10アール約144万円、畑で約100万円の資金が必要です。地域によってはその2・5倍の所もあり、前述しました日々の生活費と土地の購入資金、備品の購入資金を考えると、多くの初期資金が必要であることが分かるかと思います。このような多額の初期投資資金が必要となる点も、就農する際のひとつの大きなハードルとなっており、この問題を解決サポートするために、地域によって就農支援制度を設けてあります。

就農支援制度は地域毎に異なりますが、その一部を紹介しますと、新規に就農しようとする人々を支援するために、各都道府県に設置されている「青年農業者等育成センター」が相談に応じ、無利子の「就農支援資金」の貸し付けを行っております。青年農業者等育成センターは、新たに就農しようとする意欲ある青年の就農を支援していくため、県知事の指定により設置されている公益法人です。

このセンターは、新たに就農しようとする方々の円滑な就農に資するため、就農に当たって必要な農業技術や経営方法の習得のための研修先の紹介、就農関係情報の提供や就農相談、就農後の経営の定着を図るための交流会の開催など、就農時のさまざまな支援活動を行っております。

※青年等とは就農しようとする青年（年齢18歳以上40歳未満）及び他産業から転職して就農しようとする中高齢者（年齢40歳以上55歳未満、知事特認で65歳未満）を指します。

◎貸し付け対象者

都道府県知事に就農計画を提出し、その認定を受けた者「認定就農者」であって

・青年（18歳以上40歳未満）か、

・中高齢者（40歳以上55歳未満、知事特認で65歳未満）の人が対象です。

就農支援資金には、①就農研修資金、②就農準備資金、③就農施設等資金の三種類あり、①の就農研修資金の貸付対象は、農業技術・経営方法を習得するための実践的な研修に必要な経費を無利子で、青年（18歳以上40歳未満）、中高齢者（40歳以上55歳未満、知事特認で65歳未満）が借入をできます。貸付限度額は、農業大学校等の場合月額5万円、国内外の先進農家などの場合月額15万円、普及員などによる指導研修は青年が借入可能で200万円となっております。

以上の償還期間は、青年と中高齢者で異なり、平場に就農する場合に青年は12年（据置4年）以内中高齢者7年（据置2年）以内。中山間地域などの条件不利地域に就農する場合には、青年20年（据置9年）以内、中高齢者12年（据置5年）以内に返還が必要です。

②の就農準備資金の貸付対象は、就農先の調査、就農に伴う住居の移転、資格の取得など就農に当たっての準備に必要な経費を無利子で、貸付限度額は２００万円、償還期間は青年で平場に就農する場合、12年（据置４年）以内、中高齢者では７年（据置２年）以内。中山間地域などの条件不利地域に就農する場合、青年は20年（据置９年）以内、中高齢者では12年（据置５年）以内です。

③の就農施設等資金の貸付対象は、農業経営を開始する際の施設の設置、機械の購入などに必要な資金（施設・機械購入費、種苗費、肥料費、農薬費、家畜購入費、各種修繕費、リース料など）の資金として無利子で、貸付限度額は経営開始初年度２千８００万円（中高年の場合は１千８００万円）経営開始次年度以降９００万円（資金需要の２分の１を限度とする。経営開始５年目まで）を償還（据置）期間12（５）年で借りることができます。

※巻末に各地の青年農業者等育成センター連絡先一覧を掲載してあります。

● **就農研修資金**

就農先の調査、就農に伴う住居の移転、資格の取得など就農に当たっての準備に必要な経費。

貸付限度額	青年 （18 歳以上 40 歳未満）	中高齢者 （40 歳以上 55 歳未満、知事特認で 65 歳未満）
農業大学校等	月額 5 万円	月額 5 万円
国内外の先進農家等	月額 15 万円	月額 15 万円
普及員等による指導研修	200 万円	

償還期間	青年 （18 歳以上 40 歳未満）	中高齢者 （40 歳以上 55 才未満、知事特認で 65 歳未満）
平場に就農する場合	12年（据置4年）以内	7年（据置2年）以内
中山間地域などの条件不利地域に就農する場合	20年（据置9年）以内	12年（据置5年）以内

◎認定就農者になるには

青年農業者等育成センターより就農支援資金の借入を行う場合、研修計画と営農目標などを内容とする就農計画を都道府県に提出し、認定就農者になる必要があります。就農計画の作成には、農業大学校（巻末に一覧掲載）各市区町村などで作成のお手伝いをしてくれますので、就農支援制度を利用するなどのために、認定就農者になりたい場合は、自身の就農後の計画をしっかり持ちながら、各相談窓口を利用し就農計画を作成することをおすすめします。

③就農のために必要な農地法の許可・届出

・農地法の届出

就農するためには農地法で農家と認められる必要があり、そのためには、農地法三条により農地の売買・賃貸の許可を受けるか、農業経営基盤強化促進法の農用地利用集積計画の申し入れをして、許可を受ける方法があります。

【農地法の申請手続きの流れ】

具体的な流れとして、申請書は毎月五日（休日の場合は翌開庁日）から二十日（休日の場合は前開庁日）までの間に三水庁舎内農業委員会事務局へ提出が必要です。

● 就農準備資金

就農先の調査、就農に伴う住居の移転、資格の取得など就農に当たっての準備に必要な経費。

償還期間 （限度額 200 万円）	青年 （18 歳以上 40 歳未満）	中高齢者 （40 歳以上 55 歳未満、知事特認で 65 歳未満）
平場に就農する場合	12年（据置4年）以内	7年（据置2年）以内
中山間地域などの条件不利地域に就農する場合	20年（据置9年）以内	12年（据置5年）以内

【申請にあたっての注意事項】

一、農業者年金の経営移譲の処分対象農地を所有権移転又は転用する場合、年金が支給停止となる場合あり。

二、贈与税、相続税の納税猶予対象農地を所有権移転又は転用する場合は、あらかじめ税務署と協議が必要。

三、申請書及び添付書類は正本一部提出。

四、申請書及び添付書類に使用する印鑑は認印で可、必要に応じて実印の使用及び印鑑証明書の添付の必要あり。

五、申請書などを提出する場合は、事前に担当の農業委員に申請内容を説明し確認を受け、農業委員確認書の添付が必要。

農地を耕作目的で所有権移転（売買、贈与など）をする場合は、農業委員会の許可を受ける必要があります。許可なく農地の所有権移転を行った場合、その所有権移転は無効となり、3年以下の懲役又は300万円以下の罰金を科せられることがあります。

・農地法三条の農地の取得要件

農地の取得は地域の農地を管理する農業委員会が求める要件を満たせば農家と認められます。

農地法三条に明記されている農地法の許可ができない場合は次の場合となります。

①譲受人の申請農地を含めた経営面積（自作地と借入地の合計面積）が一定規模以上にならない

場合（地域によって次の通り下限面積が定められています）中郷地域・高岡地域　40アール
三水地域　50アール。
②譲受人やその世帯員が、全ての農地の耕作を行うと認められない場合。
③譲受人やその世帯員が、許可後に必要な農作業に常時従事（150日以上）すると認められない場合。
④譲受人の住所地から取得する農地までの距離（通作距離）からみて効率的に利用できると認められない場合。

以上の場合から農地法で農家と認められるには

一、農地は都府県で50アール・北海道で2ヘクタール以上が必要。
原則としては、北海道で2ヘクタール以上、都府県では50アール以上が必要となり例外として、農業経営基盤強化促進法などの改正によって、遊休農地が相当ある地域などの条件で、最低限取得面積が10アールまで引き下げられています。

二、年間150日以上農業に従事すること。農地法では、農地を取得しようとする者（又は世帯員）が、農業経営に必要な農作業として年間150日以上従事することが定められている（例外あり）。

三、居住地と農地までの距離が離れ過ぎず、取得する農地などを効率的に利用することが認められること。居住地から農地までの「通作距離」が離れ過ぎず、農作を効率的に利用できると認められなければならない、この通作距離は地域の立地条件や道路などの整備状況に応じて基準が決められているため、都道府県や、市町村によって異なります。

・許可権者

①住所のある市町村の区域内の農地の取得の場合……農業委員会

②住所のある市町村の区域外にある農地の取得の場合……農業委員会を経由して各都道府県知事に申請し、許可を得る。

以上の条件と流れで申請を行い、許可を得ることで、農地法上で農家と認められ、農業を開始することができます。申請の際の添付書類は、申請の市区町村により異なる場合がありますが、一般的な添付書類の一覧見本を紹介します。

農地などを耕作するための売買・賃借の手続き
（専門家へ依頼する場合）

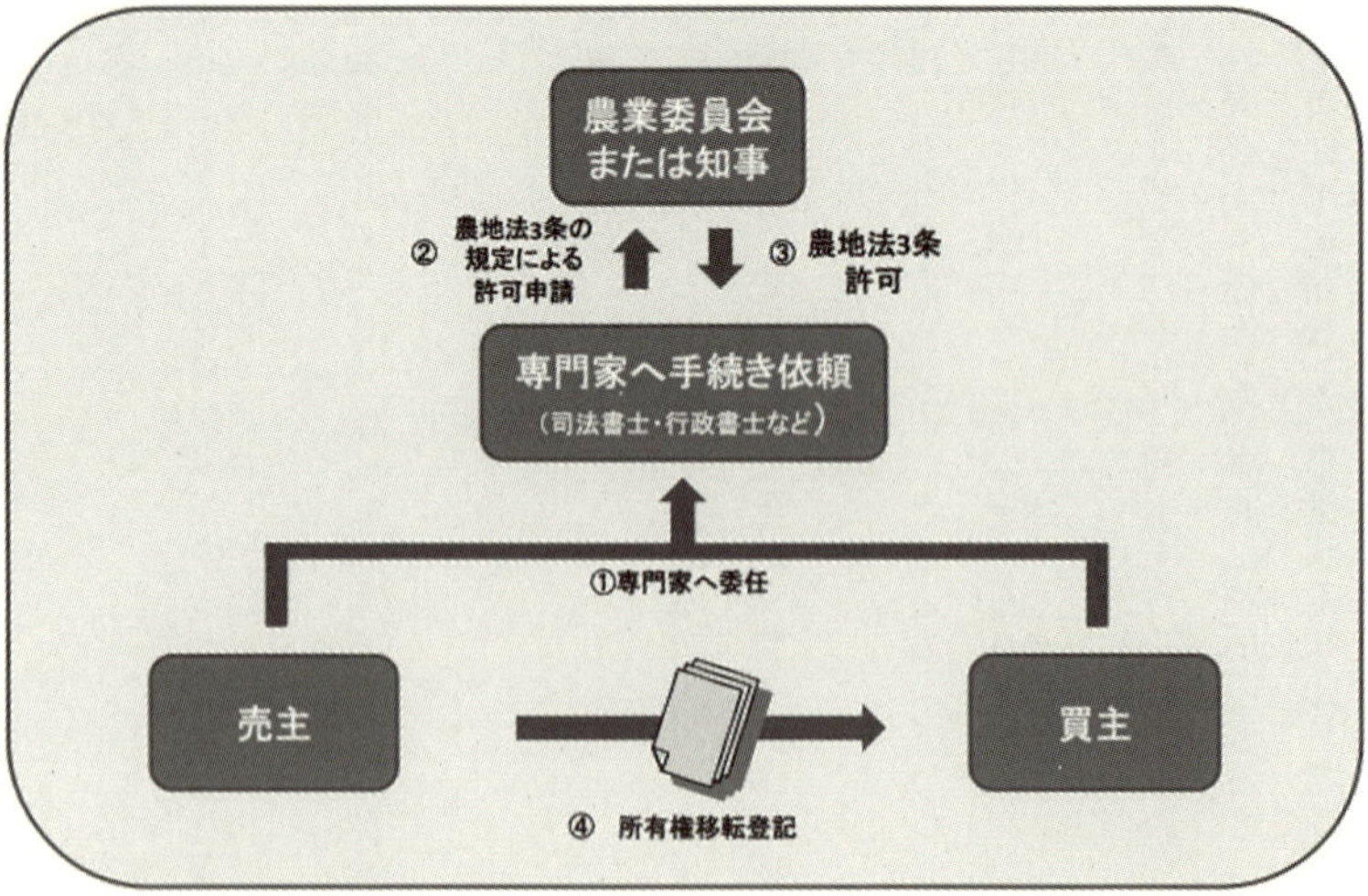

農地などの売買・賃貸での
農地法三条許可を受ける手続き

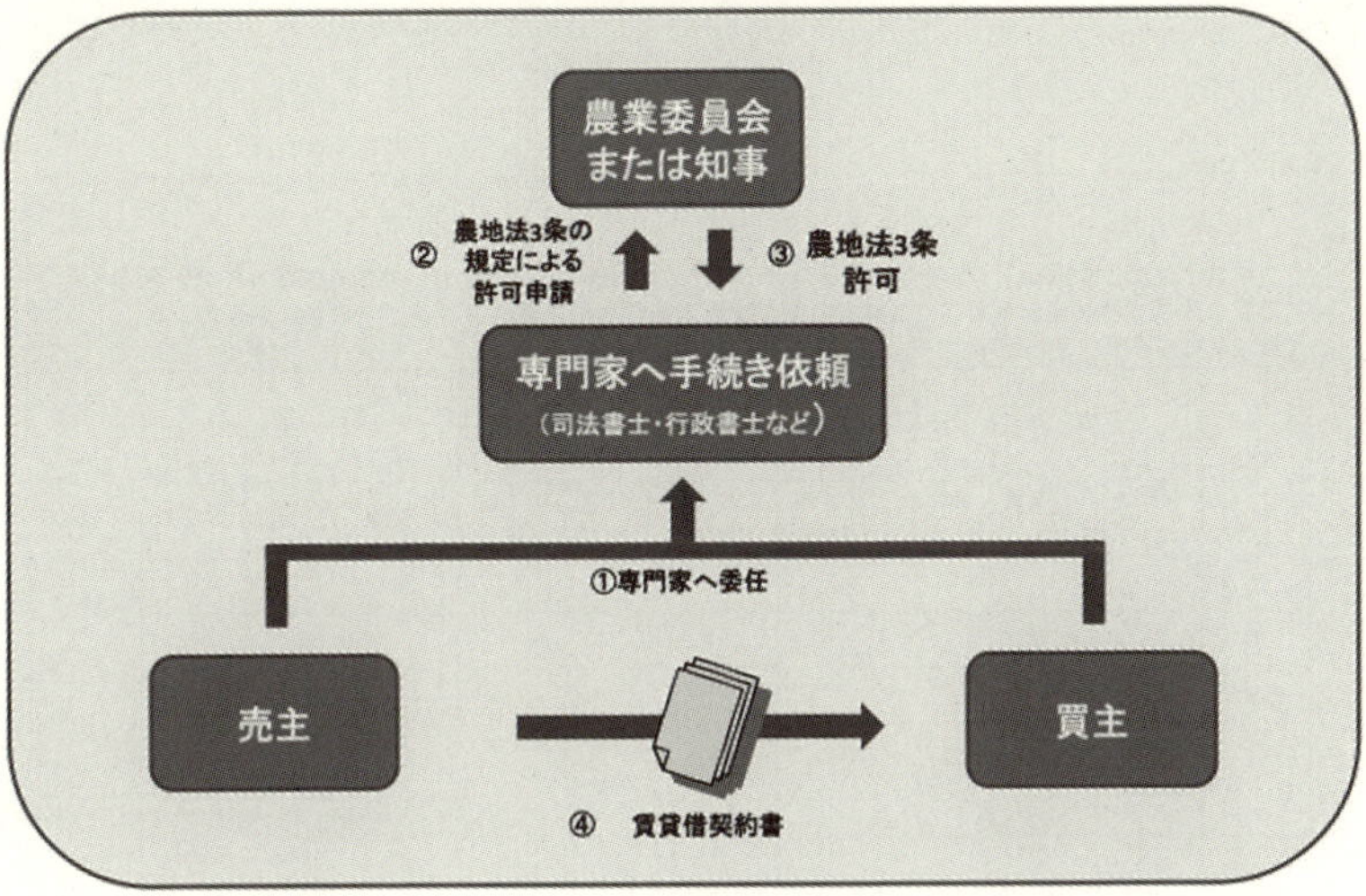

申請から許可までの流れ

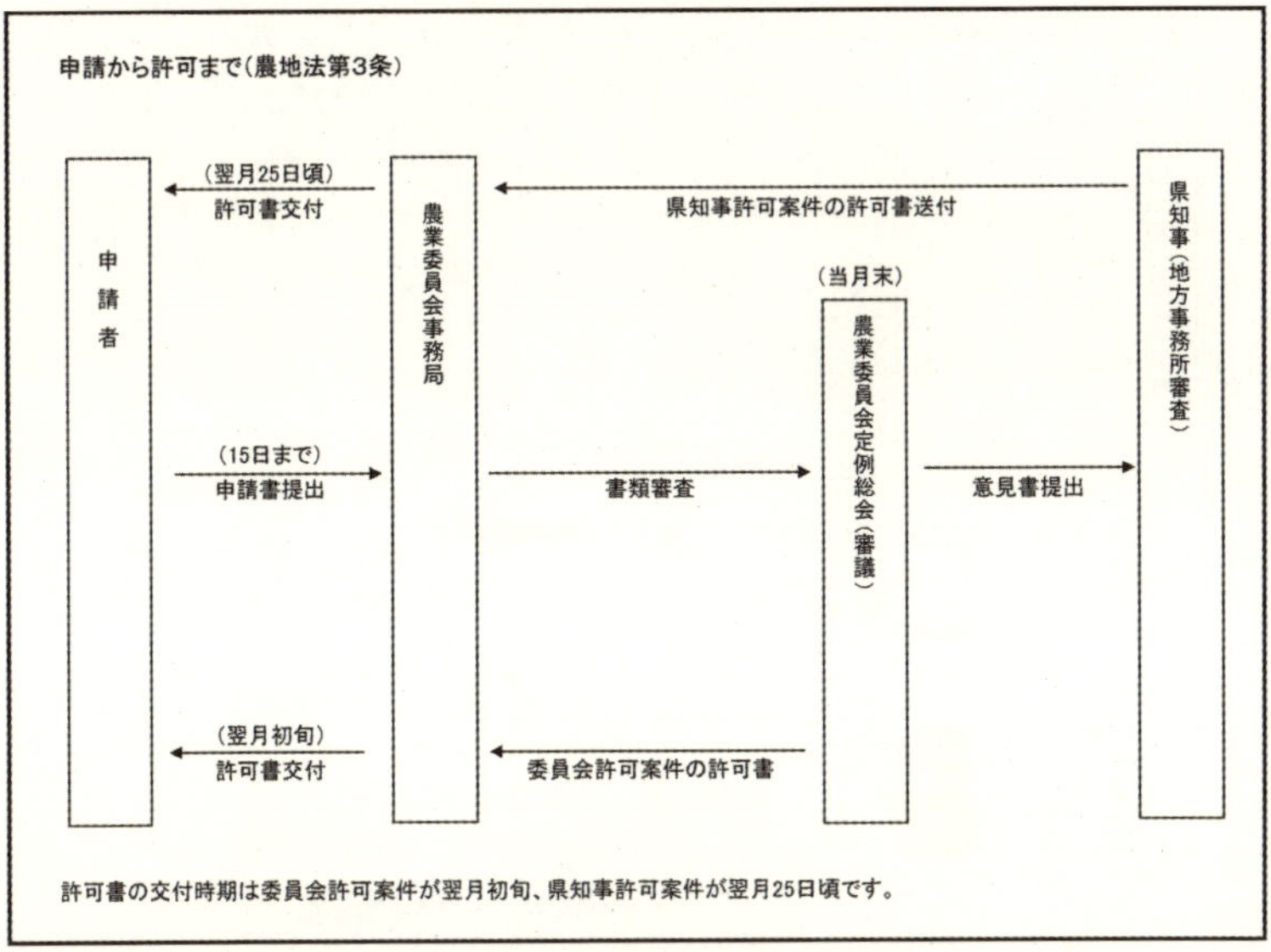

5　権利を設定、移転しようとする当事者及びその世帯員が現に所有し、又は使用収益権を有する農地及び採草放牧地の面積並びにこれらの者が権原に基づき現に耕作又は養畜の事業に供している農地及び採草放牧地の面積　　（単位：㎡）

区分	譲渡人（貸人）				譲受人（借人）					
					所有地			借入地		経営地 ①＋④
	自作地 ①	小作地 ②	貸付地 ③	経営地 ①＋②	自作地 ①	貸付地 ②	その他 ③	現に耕作中の土地 ④	その他 ⑤	
田										
畑										
樹園地										
計										
採草放牧地										
山林その他										

※「その他」欄は不耕作地等現に耕作の用に供されていないもの・・・ある場合はその理由を欄外に記入する。

6　権利を取得しようとする者又はその世帯員（構成員）がその耕作又は養畜の事業に従事している状況及びその労働力以外の労働力に依存している状況（法人にあってはその法人のその耕作又は養畜の事業に係る労働力の状況）

区分	氏名	年齢	性別	権利取得者との続柄	職業	農作業従事日数	備考
世帯員（構成員）							
常雇							
季節雇・臨時雇	年間延日数　男　　日　女　　日						

※労働力提供者を記載する。

7　権利を取得しようとする者及びその世帯員の農機具及び家畜の保有状況

区分	農機具（台）					家畜（頭）				
種類										
数量										

8　その他参考となるべき事項

※本申請書はA３サイズで提出してください。

農地法第３条許可申請書

㊞　　　　㊞

（農地３申請）　　　　農地法第３条の規定による許可申請書

平成　　年　　月　　日

飯綱町農業委員会長　様　　　※個人の場合は必ず本人が自署、法人の場合は必ず代表者本人が自署する。

申請者　譲渡人（貸人）　㊞

譲受人（借人）　㊞

下記農地（採草放牧地）の　　　　を　　　　したいので農地法第３条第１項及び同法施行令第１条の２第１項の規定により許可を申請します。

記

1　申請当事者の氏名（名称）、住所、職業及び年齢

当事者	氏　　名	年齢	職　業	現　住　所	連絡先（電話）
譲渡人（貸人）					
譲受人（借人）					

※法人の場合は、名称、代表者氏名、主たる事務所の所在地、主たる業務の内容を記入する。

2　許可を受けようとする土地の所在、地番、地目、面積、利用状況、普通収穫高及び耕作者の氏名又は名称

所在・地番	地　目		面　積（㎡）	10a当り普通収穫高	利用状況	所有者氏名（名称）	利　用　者		備　考
	台帳	現況					氏名（名称）	利用権原	
計									

3　権利を設定し、又は移転しようとする事由の詳細

譲渡人（貸人）：

譲受人（借人）：

4　権利を設定し、又は移転しようとする契約の内容

・権利を設定し又は移転しようとする時期

・対価、賃借料等の種類、額

・契約期間　　許可の日より　　　年間

・通作距離　　　　km　　　時間　　　・ほ場整備　　有　　無

5　権利を設定、移転しようとする当事者及びその世帯員が現に所有し、又は使用収益権を有する農地及び採草放牧地の面積並びにこれらの者が権原に基づき現に耕作又は養畜の事業に供している農地及び採草放牧地の面積　　（単位：㎡）

区分	譲渡人（貸人）				譲受人（借人）					
					所有地			借入地		経営地 ①＋④
	自作地 ①	小作地 ②	貸付地 ③	経営地 ①＋②	自作地 ①	貸付地 ②	その他 ③	現に耕作中の土地 ④	その他 ⑤	
田	1,500	1,000		2,500	20,000			12,000		32,000
畑	500		2,000	500		4,000				
樹園地	567			567	5,000					5,000
計	2,567	1,000	2,000	3,567	25,000	4,000		12,000		37,000
採草放牧地					1,500					1,500
山林その他										

※「その他」欄は不耕作地等現に耕作の用に供されていないもの・・・ある場合はその理由を欄外に記入する。

6　権利を取得しようとする者又はその世帯員（構成員）がその耕作又は養畜の事業に従事している状況及びその労働力以外の労働力に依存している状況（法人にあってはその法人のその耕作又は養畜の事業に係る労働力の状況）

区分	氏名	年齢	性別	権利取得者との続柄	職業	農作業従事日数	備考
世帯員（構成員）	三水太郎	52	男	本人	農業	200	
	三水花子	48	女	妻	農業	150	
	三水　一	23	男	長男	公務員	45	
常雇							
季節雇・臨時雇	年間延日数　男　　日　女　30　日						

※労働力提供者を記載する。

7　権利を取得しようとする者及びその世帯員の農機具及び家畜の保有状況

区分	農機具（台）					家畜（頭）				
種類	トラクター	田植機	コンバイン	軽トラック		綿羊				
数量	50PS 1 30PS 1	4条植 1	4条刈 1	1		5				

8　その他参考となるべき事項

なし

※本申請書はＡ３サイズで提出してください。

農地法第３条許可申請書２（記載例）

㊞　㊞

（農地３申請）　農地法第３条の規定による許可申請書

平成20年４月５日

飯綱町農業委員会長　様　※個人の場合は必ず本人が自署、法人の場合は必ず代表者本人が自署する。

申請者　譲渡人（貸人）　牟礼一郎　㊞

譲受人（借人）　三水太郎　㊞

下記農地（採草放牧地）の　所有権　を　移転　したいので農地法第３条第１項及び同法施行令第１条の２第１項の規定により許可を申請します。

記

1　申請当事者の氏名（名称）、住所、職業及び年齢

当事者	氏　名	年齢	職　業	現　住　所	連絡先（電話）
譲渡人（貸人）	牟礼一郎	75	農業	上水内群飯綱町大字○○3333	026-253-3333
譲受人（借人）	三水太郎	52	農業	上水内群飯綱町大字○○6666	026-253-6666

※法人の場合は、名称、代表者氏名、主たる事務所の所在地、主たる業務の内容を記入する。

2　許可を受けようとする土地の所在、地番、地目、面積、利用状況、普通収穫高及び耕作者の氏名又は名称

所在・地番	地　目		面　積（㎡）	10a当り普通収穫高	利用状況	所有者氏名（名称）	利　用　者		備　考
	台帳	現況					氏名（名称）	利用権原	
大字○○字○○333-3	田	田	1,500	米 500kg	水稲	牟礼一郎	牟礼二郎	使用貸借	
計			1,500						

3　権利を設定し、又は移転しようとする事由の詳細

譲渡人（貸人）：　高齢のため経営規模を縮小

譲受人（借人）：　経営規模の拡大

4　権利を設定し、又は移転しようとする契約の内容　売買

・権利を設定し又は移転しようとする時期　許可の日

・対価、賃借料等の種類、額　対価　10a当り100万円　総額150万円

・契約期間　許可の日より　年間

・通作距離　6　km　15分　~~時間~~　・ほ場整備　（有）　無

農地法第３条の許可書添付書類一覧

農地法第3条の許可申請書添付書類一覧

	譲受人が町内の場合（正本1部提出）	備考		譲受人が町外の場合（正本1部提出）	備考
1	土地の登記事項証明書（全部事項証明書）	○	1	土地の登記事項証明書（全部事項証明書）	○
2	公図	○	2	公図	○
3	位置図（1/2,500～5,000程度　申請地を赤く表示）	○	3	位置図（1/2,500～5,000程度　申請地を赤く表示）	○
4	耕作証明書（耕作農地の所在市町村農業委員会の証明書） ※他市町村に耕作農地がある場合	△	4	耕作証明書（耕作農地の所在市町村農業委員会の証明書） ※飯綱町以外に耕作農地がある場合	△
5			5	通作経路図（1/50,000程度　自宅～申請地を表示）	○
6			6	住民票謄本（続柄を省略しない世帯全員のもの）	○
7	農地法許可申請（届出）確認調査書	○	7	農地法許可申請（届出）確認調査書	○
8	確約書、農業委員確認書	○	8	確約書、農業委員確認書	○
9	営農計画書　※新規就農者、集約栽培等の場合	△	9	営農計画書	○
10	契約を証する書面　※賃貸借及び使用貸借の場合	△	10	契約を証する書面　※賃貸借及び使用貸借の場合	△
11	農業生産法人の要件に係る事項（別紙1）	法人	11	農業生産法人の要件に係る事項（別紙1）	法人
12	法人の登記事項証明書	法人	12	法人の登記事項証明書	法人
13	定款の写し（原本証明をする）	法人	13	定款の写し（原本証明をする）	法人
14	申請に係る予算書の写し	法人	14	申請に係る予算書の写し	法人
15	その他参考とする書類・登記簿上の住所と現住所が異なる場合は、 転居の経過がわかる住民票又は戸籍の附票が必要です。 ・申請地に抵当権等が設定されている場合は、 抵当権者等の同意書が必要です。	△	15	その他参考とする書類・登記簿上の住所と現住所が異なる場合は、 転居の経過がわかる住民票又は戸籍の附票が必要です。 ・申請地に抵当権等が設定されている場合は、 抵当権者等の同意書が必要です。	△

※添付書類はA4又はA3サイズで提出してください。

【○･･･必要　△･･･場合により必要　法人･･･農業生産法人の場合は必要】

農地法許可申請（届出）確認調査書

◎申請条項　３条申請・４条申請・４条届出・５条申請　※該当箇所に○

1　申請者

申請人・譲受人　住所　　　　　　　　氏名　　　　　　　　㊞

譲渡人　住所　　　　　　　　氏名　　　　　　　　㊞

2　申請農地

大　字	字	地　番	地　目		面　積（㎡）	備　考
			登記	現況		
合　計	筆		㎡			

3　転用目的【４条申請（届出）・５条申請】

住宅・店舗・事務所・工場・倉庫・作業所・物置・車庫・資材置場・駐車場・通路・山林

墓地・その他（具体的に：　　　　　　　　）　※該当箇所に○

4　権利の種類及び設定、移転の別【３条申請・５条申請】

所有権・賃借権・使用貸借権　の　設定・移転　※該当箇所に○

5　隣接農地所有者等への事前説明【４条申請（届出）・５条申請】

所有者・耕作者の別	氏　名	説明年月日	備考（条件等）
所有者・耕作者		平成　年　月　日	
所有者・耕作者		平成　年　月　日	
所有者・耕作者		平成　年　月　日	
所有者・耕作者		平成　年　月　日	
所有者・耕作者		平成　年　月　日	
所有者・耕作者		平成　年　月　日	

農地法許可申請（届出）確認調査書《つづき》

農地法許可申請（届出）確認調査書《つづき》

6　申請農地に係る確認事項　　※どちらかに○

（1）申請農地は転用のため農用地区域（農振）から除外を受けた土地で	【ある・ない】
（2）申請農地は贈与税の納税猶予（生前一括贈与）を受けている土地で	【ある・ない】
（3）申請農地は相続税の納税猶予を受けている土地で	【ある・ない】
（4）申請農地は現在賃貸借の期間中で	【ある・ない】
（5）申請農地の所有者は農業者年金の加入者で	【ある・ない】
（6）①申請農地の所有者は農業者年金の受給者で	【ある・ない】
②申請農地は経営移譲の処分対象農地で	【ある・ない】

上記のとおり相違ありません。　申請農地所有者　　　　　　㊞

確　約　書

【３条申請】

私は確認調査書の２に記載の農地を農地法第３条の許可を申請するにあたり、申請どおり忠実に耕作し、農地法の規定に違反する行為は一切行わないことを確約します。

譲受人　　　　　　㊞

【４条申請（届出）・５条申請】

私は確認調査書の２に記載の農地を農地法の規定による許可を申請（届出）するにあたり、申請目的どおりに実施し、農地法の規定に違反する行為は一切行わないことを確約します。

また、違反の事実があった場合は、いかなる処分を受けても処分に従います。

申請人・譲受人　　　　　　㊞

農業委員確認書

【３条申請】　適当＝○　不適当＝×　非該当＝斜線　チェック欄

取得農地等を含む全ての農地等を耕作することが確実か「全部耕作」	
取得者及び世帯員が必要な農作業に常時従事することが確実か「常時従事」	
経営面積が基準以上となるか（中郷・高岡４０a　三水５０a）「下限面積」	
通作距離等からみて取得農地等を効率的に利用できるか「効率経営」	

【４条申請（届出）・５条申請】

その農地を転用することがやむを得ないと認められるか	
転用に必要な資力及び信用があるか	
転用の妨げとなる権利を有する者がいる場合にはその同意を得ているか	
申請に係る用途に遅滞なく供することが確実か	
計画面積は妥当か（既存と合せて一般住宅 500 ㎡・農家住宅 1,000 ㎡以内）	
周辺の農地に係る営農条件に支障を生ずるおそれはないか	
一時転用である場合にはそれが妥当であるか	
３条取得後の転用は取得後３年（３収穫期）を経過しているか	

農業委員の意見：

平成　　年　　月　　日　　担当農業委員　　　　　　㊞

営農計画書

申請者名　　　　　　　　　　㊞

1　現在耕作している農地等の経営状況

区　分	面　積　(a)	主な作付作物	出荷先	販売額（年額）
田				
畑				
樹園地				

2　権利を取得する者が農業以外の職業や事業に従事している場合

職業又は事業の内容	従事日数
	年間　　　　日

3　申請地の耕作計画等

（1）主な作付予定作物（施設整備等をする場合、整備内容と併せて記載する。）

区　分	主な作付予定作物	整備する施設等	出荷予定先	販売見込額（年額）
田				
畑				
樹園地				

（2）必要作業日数（年間）及び作業者

区　分	必要作業日数	※作業者（労働力）
田	年間　　　日	申請者　　世帯員・構成員（　　　　　　　　） 雇用者（年間　　　　日）
畑	年間　　　日	申請者　　世帯員・構成員（　　　　　　　　） 雇用者（年間　　　　日）
樹園地	年間　　　日	申請者　　世帯員・構成員（　　　　　　　　） 雇用者（年間　　　　日）

※作業者に○をすること。世帯員・構成員が作業にあたる場合は（　）に氏名を記載すること。

4　通作方法等

通作距離（片道）	所要時間（片道）	交通手段
約　　　km	約　　　分	

5　農機具の整備計画及び技術習得の方法など

④人（労働力）の確保の必要性

先ほど農地と居住所の項で少し触れましたが、就農する際には人（労働力）の確保がとても大切になります。労働力と言いましても単純に人がいればいい訳ではなく、農業の技術も必要となるため、農業を営む技術や、動物を飼育していく技術を見につける必要があります。農業の際は、種まきの季節、収穫の季節など、時期により多くの労働力が必要となるときがあるため、その時期は近隣の方々も自分の仕事で忙しく他のお手伝いなどできない場合も多いので、労働力を確保することが困難となる可能性が高くなります。

このように、労働力といいましても、時期や作物により、種まきや収穫の時期に違いが生じてきますので、就農計画の際、どの分野で就農するかよく考え、人の確保という点も考慮して計画を立てる必要があります。

⑤就農計画（生産・販売・資金）

まず、就農のために必要な内容として、就農のための計画を立てる必要があります。曖昧な計画しかない就農は上手く行くのは大変難しく、上手くいったとしてもさらに継続していくのが大変困難となる可能性が高くなるので、しっかりとした就農計画を立てる必要があります。

就農計画のポイントは、 a生産　b販売　c資金の三点に注意して立てるという点です。

aの生産とは、就農後の生産する作物や飼育する動物を決め、いつ、どこで、どれだけ生産するか計画を立てることです。計画作成時のポイントは、就農も起業のひとつであるので、就農後の生活が行えるよう、販売時の価格から生産までの総費用を引き、その利益で日々の生活ができるように生産物と生産数量を決め、生産のための計画を立てるという点です。

ｂの販売とは、ａの生産物の生産後、どこで、どのように、幾らで販売するのか、という計画のことで、販売には直販・卸・委託などいくつもの販売方法がありますが、この生産後の販売に具体的な計画が無く生産を行った場合、思っていた販売ルートが確保できず、投資資金が回収できないなどの危険が出てきますので、販売方法は十分考え、販売ルートをある程度確保し準備を行った上で生産に入る必要があります。

ｃの資金とは、前述した通り、１土地取得費用、２農業準備資金、３生活資金の三種類の資金のことで、自己準備ができた資金を元に、土地を購入するのか、賃貸とするのか、日々の生活資金も考慮しながら、就農後の具体的な計画を立てる必要があります。

〈農に関わる仕事の紹介〉

これまで、就農についての手続きの紹介を行ってまいりましたが、農業に関わっていく方法は他にもいくつかあります。その中で二点ほど紹介をしていきます。

(1) 農作物を販売する

ひとつ目は、農業をされている人より農作物を仕入れ、又委託などを受けて、直接店舗やインターネットを利用して販売する方法です。

この場合、メリットとしては自身で農作物を作らないぶん、販売に特化できるという点ですが、デメリットとしては、生産者より仕入れを行うなど商品を手配してもらう必要があるため、生産者との兼ね合いと、安定的に販売できる為の商品の確保が必要となります。仕入れや委託により、経費がかさむため、直販より販売価格が高くなる傾向にあり、商品に付加価値を付け商品価値を上げるなどの販売方法への工夫が必要となります。

(2) 農支援ビジネスを行う

もうひとつの農業に関わる仕事として、農業者を支援するビジネスもあります。農業者支援のビジネスとは、農業を行っている人、就農したい人へのアドバイスなどのコンサルティング業務や、農作物の販売サイトなど、生産物を販売告知するホームページなどの作成を行うビジネスです。コンサルティング業は、農業に対して詳しい知識が必要となるため、簡単に行う事は難しいビジネスではありますが、農業に注目が集まっている今では、有益なビジネスになる可能性があります。

Column 8

〔コラム〕　こんな農家さんの野菜が食べたい！　選ばれる農家とは

数年前まで、生産者と消費者のあいだには農協・卸売市場・小売店など、流通上のいくつかの隔たりがあることが当たり前でした。それは今でもありますが、インターネットの普及にともなって、生産農家自身が情報を発信し、消費者に直接野菜を販売すること、そして、消費者がネットで情報を収集し、生産農家で野菜を選んで買おうとすることが、年々増えてきています。

消費者が、生産農家で野菜を選ぶ。

そうなんです。野菜そのものはもちろんですが、気になるのはやはり、その育ての親。自分たちの大切な「食」を提供してくれる生産農家の人柄を知って、信頼できてこそ、安心して口にすることができる。大切な家族にも安心して食べさせてあげることができる。そんな時代になっているように感じます。

では「消費者に選ばれる生産農家」って、いったいどんな人なのでしょう。

有機野菜でないと、という方や、安い金額でたくさん買えるのが嬉しい、という方。消費者の農産物についての志向がさまざまである以上、選ばれる農家像もその分だけあるような気がしますが、共通して求められるのは、やはり「誠実さ」でしょうか。

日々の農作業への取り組み方はもちろん、栽培条件など野菜ができるまでの過程の公開、そして野菜を販売する際の対応まで、誠実さを感じとれる生産農家さんが選ばれますし、買って帰った野菜がよりおいしく感じられる大事な要素にもなると思います。

では「誠実な生産農家」として消費者に選ばれるには、何をすればよいのでしょうか。

以前にこんなことがありました。

ネットショップ運営者である私が、いつもお世話になっているご年配の女性農家さんと軒先で話をしていますと、ふらっと、これまたご年配の男性農家さんが通りがかりました。そして何やら冗談を投げかけてそのまま去っていったのですが、去っていった後ろ姿を見ながら、それまで話していた女性農家さんが小声で一言、

「あの人には世話にならん方がいいよ。古い野菜もわからんようにして平気で直売所に出すもんやから、みんな迷惑しとるんや」

他にも、近隣の小川に農業廃棄物を捨てている農家さんや、どう見ても必要以上に農薬散布を行っている農家さんの話なども聞こえてきますが、農家のことは農家に聞け、というべきか、やはり普段から身近に接している生産農家同士の評価がもっともシビアで、正確だというように感じます。

「誠実な生産農家かどうか」は、他ならぬ、自分以外の人が評価するもの。

普段からの農作業への取り組み方が、まずは周りの仲間からの人柄への評価に、それが数珠つなぎにつながって、ひいては消費者からの信頼や「あの農家さんの野菜を食べたい！」につながっていくのかもしれません。

（小豆佳代）

最後に

今回は、数ある農業、就農関係の書物の中から、本書をお選びいただきまして、ありがとうございました。この本では、新規で就農を考えられている人向けに、就農までの流れと、就農後の生活をイメージしやすいように三人で書かせていただきました。

女性三人のそれぞれ違う立場からの農業、就農へのアドバイスや、文中で紹介している実際就農されている方々の体験談や苦労話、やりがいや楽しみなどご理解いただけたかと思います。

文中でも紹介しましたが、農業をしたいと思い立ってから、実際に農業を始めるまで、かなり多くの手続きや準備が必要となります。その多くの準備を出来るだけの強い意志、就農への周りからの理解と協力を得て実際に農業を行うことができます。

実際に就農をしてからは、自然や動物が相手となりますので、結果が出るには長い時間が必要となり、その地域での生活習慣や、環境などへの適用も必要になります。

就農するというのは、起業するという事、更に生活環境も生活スタイルも変わってしまうという点を忘れず、自身の就農後を具体的にイメージし、そのイメージに近い状況で就農をすることが、就農後上手に軌道に乗せることができる要因ではないかと思います。

農業も他の仕事と同じように、行うにはしっかりとした覚悟と準備が必要です。しかし厳しい点だけでなく、やりがいや楽しみも多くあり、無くてはならない大切な仕事でもあります。本当に農業を行いたいという強い思いと行動により、自分らしい就農への道が見えてくるのではないでしょうか。

本書が皆様の就農までのお役に立ちましたら大変嬉しく思います。

新規就農者相談窓口

団体名	連絡先
農林水産省	〒100-8950 東京都千代田区霞が関 1-2-1 電話　03-3502-8111 http://www.maff.go.jp/j/agri_school/a_zyoho/sodan.html
東北農政局 （青森県・岩手県・秋田県・宮城県・山形県・福島県）	〒980-0014 仙台市青葉区本町 3 丁目 3 番 1 号 電話　022-263-1111 http://www.maff.go.jp/tohoku/index.html
関東農政局 （埼玉県・茨城県・栃木県・群馬県・千葉県・東京都・神奈川県・山梨県・長野県・静岡県）	〒330-9722 さいたま市中央区新都心 2-1 さいたま新都心合同庁舎 2 号館 電話　048-600-0600 http://www.maff.go.jp/kanto/index.html
北陸農政局 （石川県・新潟県・富山県・福井県）	〒920-8566 金沢市広坂 2 丁目 2 番 60 号 電話　076-263-2161 http://www.maff.go.jp/hokuriku/
東海農政局 （愛知県・岐阜県・三重県）	〒460-8516 名古屋市中区三の丸 1-2-2 電話　052-201-7271 http://www.maff.go.jp/tokai/
近畿農政局 （京都府・滋賀県・大阪府・兵庫県・奈良県・和歌山県）	〒602-8054 京都市上京区西洞院通下長者町下ル丁子風呂町 電話　075-451-9161 http://www.maff.go.jp/kinki/
中国四国農政局 （鳥取県・島根県・広島県・山口県・徳島県・香川県・愛媛県・高知県・岡山県）	〒700-8532 岡山市北区下石井 1 丁目 4 番 1 号 電話　086-224-4511 http://www.maff.go.jp/chushi/
九州農政局 （福岡県・熊本県・佐賀県・長崎県・大分県・宮崎県・鹿児島県）	〒860-8527 熊本市二の丸 1 番 2 号 電話　096-353-3561 http://www.maff.go.jp/kyusyu/
全国新規就農相談センター	〒102-0084　東京都千代田区二番町 9-8 中央労働基準協会ビル 2F 全国農業会議所 電話　03-6910-1133

都道府県別新規就農相談窓口

農業会議名	〒	住所	電話番号
北海道	060-0005	札幌市中央区北5条西6丁目1-23 北海道通信ビル5階	011(281)6761(直)
青森県	030-0802	青森市本町2丁目6番19号 青森県土地改良会館4階	017(774)8580(直)
岩手県	020-0024	盛岡市菜園1-4-10　第2産業会館内	019(622)5825(直)
宮城県	981-0914	仙台市青葉区堤通雨宮町4-17 県仙台合同庁舎内	022(275)9164(直)
秋田県	010-0951	秋田市山王4-1-2 秋田地方総合庁舎内	018(860)3540(直)
山形県	990-0041	山形市緑町1-9-30　緑町会館内	023(622)8716(直)
福島県	960-8043	福島市中町8-2 県自治会館内	024(524)1201(直)
茨城県	310-0852	水戸市笠原町978-26　県市町村会館内	029(301)1236(直)
栃木県	320-0047	宇都宮市一の沢2-2-13　とちぎアグリプラザ2階	028(648)7270(代)
群馬県	371-0854	前橋市大渡町1-10-7 県公社総合ビル内	027(280)6171(代)
埼玉県	330-0063	さいたま市浦和区高砂3-12-9 県農林会館内	048(829)3481(直)
千葉県	260-0013	千葉市中央区中央4-13-28　新都市ビル内	043(222)1703(直)
東京都	151-0053	渋谷区代々木2-10-12 都農業会館(南新宿ビル)内	03(3370)7145(直)
神奈川県	231-0002	横浜市中区海岸通1-2-2 中央農業会館内	045(201)0895(直)
山梨県	400-0034	甲府市宝1-21-20 県農業共済会館内	055(228)6811(直)
岐阜県	500-8384	岐阜市薮田南5-14-12 岐阜県シンクタンク庁舎2階	058(268)2527(代)
静岡県	420-0853	静岡市葵区追手町9-18 静岡中央ビル7階	054(255)7934(直)
愛知県	461-0011	名古屋市東区白壁1-50 県白壁庁舎内	052(962)2841(直)
三重県	514-0004	津市栄町1-891　県合同ビル内	059(213)2022(代)
新潟県	951-8116	新潟市中央区東中通１番町86番地 JAﾊﾞﾝｸ県信連第2分室内	025(223)2186(直)
富山県	930-0005	富山市新桜町6-15 県農業共済会館内	076(441)8961(直)
石川県	920-3198	金沢市才田町戊295-1 石川県農業総合研究センター内	076(257)7066(直)
福井県	910-8555	福井市松本3-16-10　福井合同庁舎内	0776(21)0010(代)
長野県	380-8570	長野市大字南長野字幅下692-2 県庁東庁舎内	026(234)6871(直)
滋賀県	520-0807	大津市松本1-2-20 県農業教育情報センター内	077(523)2439(直)

都道府県別新規就農相談窓口（前項の続き）

農業会議名	〒	住　所	電話番号
京都府	602-8054	京都市上京区出水通油小路東入丁子風呂町104-2 府庁西別館内	075（441）3660（直）
大阪府	540-0007	大阪市中央区馬場町3-35 府農林会館内	06（6941）2701（直）
兵庫県	650-0004	神戸市中央区中山手通7-28-33 県立産業会館内	078（361）8110（直）
奈良県	630-8501	奈良市登大路町30　県庁分庁舎内	0742（22）1101（代）
和歌山県	640-8263	和歌山市茶屋ノ丁2-1　和歌山県自治会館6階	073（428）4165（直）
鳥取県	680-8570	鳥取市東町1丁目271番地　県庁第2庁舎8階	0857（26）8371（直）
島根県	690-0888	松江市北堀町15　元島根県庁第3分庁舎3階	0852（22）4471（直）
岡山県	700-0826	岡山市磨屋町9-18 県農業会館内	086（234）1093（直）
広島県	730-0051	広島市中区大手町4-2-16　農業共済会館内	082（545）4146（直）
山口県	753-0072	山口市大手町9-11　山口県自治会館2階	083（923）2102（直）
徳島県	770-0939	徳島市かちどき橋1-41 県林業センター内	088（621）3054（直）
香川県	760-0068	高松市松島町1-17-28　県高松合同庁舎内	087（812）0810（代）
愛媛県	790-8570	松山市一番町4-4-2 県庁内	089（921）4438（直）
高知県	780-0850	高知市丸ノ内2-4-1 高知県庁北庁舎4階	088（824）8555（直）
福岡県	810-0001	福岡市中央区天神4-10-12　JA福岡県会館	092（711）5070（直）
佐賀県	840-0041	佐賀市城内1-6-5 県庁南別館内	0952（23）7057（直）
長崎県	850-0861	長崎市江戸町2-1 県庁第3別館内	095（822）9647（直）
熊本県	862-8570	熊本市水前寺6-18-1 県庁内	096（384）3333（直）
大分県	870-0044	大分市舞鶴町1-4-15農業会館別館2F	097（532）4385（直）
宮崎県	880-0803	宮崎市旭1-3-6 県庁6号館	0985（29）6333（直）
鹿児島県	890-8577	鹿児島市鴨池新町10-1 県庁内	099（286）5815（直）
沖縄県	901-1112	島尻郡南風原町字本部453-3　土地改良会館	098（889）6027（直）

就農支援制度機関
各地の青年農業者等育成センター連絡先一覧

青年農業者等育成センター	〒	住所	電話番号
社団法人 北海道農業担い手育成センター	060-0005	札幌市中央区北 5 条西 6 丁目 1-23 北海道通信ビル 6 階	011-271-2255
社団法人 青い森農林振興公社	030-0801	青森市新町 2 丁目 4-1 青森県共同ビル 6 階	017-773-3131
社団法人 岩手県農業公社	020-0024	盛岡市菜園 1 丁目 7 番 23 号	019-651-2181
財団法人 みやぎ農業担い手基金	980-0011	仙台市青葉区上杉 1-2-16	022-264-8238
社団法人 秋田県農業公社	010-0001	秋田市中通 6 丁目 7-9 秋田県畜産会館 2 階	018-884-5511
財団法人 やまがた農業支援センター	990-0041	山形市緑町 1 丁目 9 番 30 号 緑町会館 6 階	023-641-1105
財団法人 福島県農業振興公社	960-8681	福島市中町 8 番 2 号 福島県自治会館 8 階	024-521-9834
財団法人 茨城県農林振興公社	311-4203	水戸市上国井町 3118-21	029-239-7131
財団法人 栃木県農業振興公社	320-0047	宇都宮市一の沢 2 丁目 2 番 13 号	028-648-9511
財団法人 群馬県農業公社	371-0854	前橋市大渡町 1 丁目 10 番 7 号	027-251-1220
社団法人 埼玉県農林公社	361-0013	行田市大字真名板 1975 番 1	048-558-3555
社団法人 千葉県農業開発公社	260-0013	千葉市中央区中央 4-13-28	043-222-9135
財団法人 東京都農林水産振興財団	190-0013	立川市富士見町 3-8-1	042-528-0505
社団法人 神奈川県農業公社	231-0002	横浜市中区海岸通 1-2-2 中央農業会館 4 階	045-651-1703
財団法人 山梨県農業振興公社	400-0035	甲府市飯田 3-2-44 JA 会館南別館 1 階	055-223-5747
社団法人 長野県農業担い手育成基金	380-0837	長野市大字南長野字幅下 692-2 長野県庁東庁舎 3 階	026-231-6222
社団法人 静岡県農業振興基金協会	420-0853	静岡市葵区追手町 9 番 18 号 静岡中央ビル 7 階	054-250-8988
社団法人 富山県農林水産公社	930-0096	富山市舟橋北町 4-19	076-441-7394
財団法人 石川 21 世紀農業育成機構	920-3101	金沢市才田町戊 295-1	076-257-7141
財団法人 ふくい農林水産支援センター	910-0003	福井市松本 3 丁目 16-10 福井合同庁舎内 4F	0776-21-5475

就農支援制度機関

各地の青年農業者等育成センター連絡先一覧（前項の続き）

青年農業者等育成センター	〒	住　所	電話番号
社団法人 岐阜県農畜産公社	500-8384	岐阜市藪田南 5 丁目 14 番 12 号 岐阜県シンクタンク庁舎内	058-276-4601
財団法人 愛知県農業振興基金	460-0003	名古屋市中区錦 3 丁目 3 番 8 号	052-951-3626
財団法人 三重県農林水産支援センター	515-2316	松阪市嬉野川北町 530 番地	0598-48-1225
社団法人 京都府農業開発公社	602-8054	京都市上京区出水通油小路東入丁子風呂町 104-2 京都府庁西別館内	075-417-6847
財団法人 大阪府みどり公社	541-0054	大阪市中央区南本町 2 丁目 1 番 8 号	06-6266-1163
社団法人 兵庫みどり公社	650-0004	神戸市中央区中山手通 7 丁目 28-33	078-361-8121
財団法人 和歌山県農業公社	640-8263	和歌山市 茶屋ノ丁 2-1 和歌山県自治会館 6 階	073-432-6115
財団法人 しまね農業振興公社	690-0888	松江市北堀町 15 番地 元島根県第 3 分庁舎 3 F	0852-32-230
財団法人 香川県農業振興公社	760-0068	高松市松島町 1 丁目 17 番 28 号 香川県高松合同庁舎 5 階	087-831-3211
財団法人 えひめ農林漁業担い手育成公社	790-8570	松山市一番町 4 丁目 4-2 愛媛県庁第 2 別館内	089-945-1542
財団法人 高知県農業公社	780-0850	高知市丸ノ内 2 丁目 4 番 1 号	088-823-8618
財団法人 福岡県農業振興推進機構	812-0001	福岡市中央区天神 4-10-12	092-716-8355
財団法人 長崎県農林水産業担い手育成基金	850-8570	長崎市江戸町 2 番 13 号 長崎県農業経営課内	095-895-2935
財団法人 熊本県農業後継者育成基金	862-8570	熊本市水前寺 6-18-1 県庁行政棟 本館 8 階	096-384-3333
社団法人　大分県農業農村振興公社	870-0044	大分市舞鶴町 1-4-15	097-535-0400
財団法人 宮崎県農業後継者育成基金協会	880-0913	宮崎市恒久 1 丁目 7 番地 14	0985-51-2011
財団法人 鹿児島県農業後継者育成基金協会	890-8577	鹿児島市鴨池新町 10-1	099-213-7223
財団法人 沖縄県農業後継者育成基金協会	900-8570	那覇市泉崎 1-2-2 沖縄県農林水産部営農支援課内	098-866-2280

農業の知識や技術が学べる機関
全国農業大学校一覧

学校名	〒	住　所	電話番号
北海道立農業大学校	089-3675	北海道中川郡本別町西仙美里 25 番地 1	0156-24-2121
岩手県立農業大学校	029-4501	岩手県胆沢郡金ケ崎町六原蟹子沢 14	0197-43-2211
独立行政法人 農業者大学校	305-8523	茨城県つくば市観音台 2-1-12	029-838-1025
青森県農業大学校	030-8570	青森県青森市長島 1 丁目 1-1	017-722-1111
青森県営農大学校	039-2598	青森県上北郡七戸町字大沢 48-8	0176-62-3111
宮城県農業大学校	981-1243	宮城県名取市高舘川上字東金剛寺 1 番地	022-383-8138
山形県立農業大学校	996-0052	山形県新庄市大字角沢 1366	0233-22-1527
福島県農業総合センター 農業短期大学校	960-8670	福島県福島市杉妻町 2-16	024-521-1111
茨城県立農業大学校	311-3116	東茨城郡茨城町長岡 4070-186	029-292-0010
栃木県農業大学校	321-3233	栃木県宇都宮市上籠谷町 1145-1	028-667-0711
群馬県立農林大学校	371-8570	前橋市大手町 1-1-1	027-223-1111
埼玉県農業大学校	350-2214	鶴ヶ島市太田ヶ谷 64	049-285-4111
千葉県農業大学校	283-0001	千葉県東金市家之子 1059	0475-52-5121
神奈川県立かながわ農業アカデミー	243-0410	海老名市杉久保北 5-1-1	046-238-5274
山梨県立農業大学校	408-0021	山梨県北杜市長坂町長坂上条 3251	0551-32-2269
長野県農業大学校	381-1211	長野市松代町大室 3700	026-278-5211
新潟県農業大学校	953-0041	新潟市西蒲区巻甲 12021	0256-72-3141
静岡県立農林大学校	438-8577	静岡県磐田市富丘 678-1	0538-36-0211
岐阜県農業大学校	509-0241	岐阜県可児市坂戸 938	0574-62-1226
愛知県立農業大学校	444-0802	愛知県岡崎市美合町字並松 1-2	0564-51-1601
三重県農業大学校	515-2316	松阪市嬉野川北町 530	0598-42-1260
滋賀県農業技術振興センター農業大学校	520-8577	大津市京町 4 丁目 1 番 1 号	077-528-3840
京都府立農業大学校	623-0221	京都府綾部市位田町桧前 30	0773-48-0321
兵庫県立農業大学校	679-0104	兵庫県加西市常吉町 1256-4	0790-47-2445
奈良県農業大学校	633-0046	奈良県桜井市池之内 130-1	0744-43-1551

農業の知識や技術が学べる機関
全国農業大学校一覧（前項の続き）

学校名	〒	住　所	電話番号
和歌山県農業大学校	649-7112	和歌山県かつらぎ町中飯降 422	0736-22-2203
鳥取県立農業大学校	682-0402	鳥取県倉吉市関金町大鳥居 1238 番地	0858-45-2411
島根県立農業大学校	699-2211	島根県大田市波根町 970-1	0854-85-7011
岡山県農業総合センター 農業大学校	701-2223	赤磐市東窪田 157	086-955-0550
広島県立農業技術大学校	730-8511	広島市中区基町 10-52	082-513-3559
山口県立農業大学校	747-0004	山口県防府市大字牟礼 318	0835-38-0510
徳島県立農林水産総合技術支援センター 農業大学校	779-3233	徳島県名西郡石井町石井字石井 2202-1	088-674-1026
香川県立農業大学校	766-0004	香川県仲多度郡琴平町榎井 34-3	0877-75-1141
愛媛県立農業大学校	791-0112	愛媛県松山市下伊台町 1553 番地	089-977-3261
高知県立農業大学校	781-2128	高知県吾川郡いの町波川 234 番地	088-892-3000
福岡県農業大学校	818-0004	福岡県筑紫野市義樹 767	092-925-9129
長崎県立農業大学校	854-0062	長崎県諫早市小船越町 3171	0957-26-1016
熊本県立農業大学校	861-1113	熊本県合志市栄 3805	096-248-1188
大分県立農業大学校	879-7111	大分県豊後大野市三重町赤嶺 2328-1	0974-22-7584
宮崎県立農業大学校	884-0005	宮崎県児湯郡高鍋町大字持田 5733 番地	0983-23-0120
鹿児島県立農業大学校	899-3311	日置市吹上町和田 1800	099-245-1071
沖縄県立農業大学校	900-8570	沖縄県那覇市泉崎 1-2-2	0980-52-0050

取材協力先（受け入れ体験等）

名　称	活動内容	〒	住　所	電話番号
いきいき三ヶ村	体験交流イベント開催等	949-8611	十日町市中条丁 3215	025-752-5411
	〔URL〕como@snow.plala.or.jp			
水落　八一	レンタルハウス	949-8611	十日町市中条丁 2945	025-759-2140
	【備考】18：00 ～ 21：00 受付　生産組合での農業体験は要相談 ○レンタルハウス http://www.tsukurou-tokamachi.jp/index.php/taiken/taiken_event/inakagurashi_tobitari.html ○三ヶ村生産組合 http://sankason10.web.fc2.com/index.html			
三ヶ村いきいき館	加工品販売	949-8611	十日町市中条丁 3156	025-759-2123
	〔URL〕mizuoti.hisao@snow.plala.or.jp			
白羽毛 ドリームファーム	農業研修	949-8427	十日町市白羽毛辰 680-1	025-763-3738
	【備考】長期研修に限る（１週間以上）宿泊に関しては要相談 〔URL〕http://www.shirahake.com 〔FAX〕025-763-3710			
グリーンハウス 里美	農業体験（農業体験、食作り体験）	942-1342	十日町市浦田 207-3	025-596-3492
	〔URL〕http://www.echigo-tsumarigt.com/satomi.html			
全国山村留学協会（東京事務所本部）	山村留学	180-0006	東京都武蔵野市中町 1-6-7-5F（朝日生命ビル）	0422-56-0595
	【備考】※ JR 中央線三鷹駅北口徒歩 1 分 〔URL〕info@sanryukyo.net 〔FAX〕0422-56-0351			
創ろう！ 自分の田舎とおかまち！	定住・交流相談窓口	949-8401	十日町市千歳町 3-3（十日町市総合政策課内）	025-757-3193
	〔URL〕http://www.tsukurou-tokamachi.jp/ 〔ブログ〕http://tsukurou-tokamachi.daizinger.jp/ 〔E-mail〕info@tsukurou-tokamachi.jp 〔FAX〕025-752-4635			

その他就農者おススメ機関

名称	体験種類	連絡先
パソナグループ 農業プロジェクトチーム	農業ベンチャー育成支援	http://www.pasonagroup.co.jp/pasona_o2/ 電話　03-6734-1070

取材協力先リスト

名　称	連絡先・ホームページ等
厚沢部町農業委員会事務局 （担当：笹森）	北海道檜山郡厚沢部町新町 207 番地 〔電話〕0139-64-3311
	厚沢部町役場　http://www.town.assabu.lg.jp/
井上陽平（井上農園）	兵庫県丹波市上竹田
	井上農園　http://view.under.jp/work/inouefarm/index.htm
門倉麻紀子（ユアーズガーデン）	神奈川県横浜市戸塚区
	ユアーズガーデン　http://www.yoursgarden.net/
澤 曉史	福岡県遠賀郡岡垣町
	road to farmer　やさしい野菜研究家宣言 http://shower.blog.ocn.ne.jp/farmer/
田中一馬（田中畜産）	兵庫県美方郡香美町村岡区境
	〔ブログ〕「田中畜産の牛飼い記録〜牛飼い始めました〜」 http://beefcattle.exblog.jp/
丹波篠山あくあファーム	兵庫県篠山市
のり・たま農園	丹波篠山のおいし〜い野菜畑 RedBeans http://www.redbeans.jp/
農業生産法人ノアール	北海道檜山郡厚沢部町字鶉 383 番地　〔電話〕0139-65-6565
	http://www.nour.jp/
有限会社ユニテック 代表　大関 一弘	茨城県下妻市大園木 278　〔電話〕0296-30-5107
	http://www.unitec-creenroom.jp/

【参考文献】

『農業起業のしくみ』神山安雄、日本実業出版社

『田舎で見つけるゆったり農業ぐらし』大森森介、ぱる出版

【用語説明】

●子ども農山漁村プロジェクト

平成二十年度から開始された農林水産省、文部科学省、総務省が連携事業。子どもたちの学ぶ意欲や自立心、思いやりの心、規範意識などを育み、力強い成長を支える力強い子どもの成長を支える教育活動として進めているプロジェクト。小学校において農山漁村での一週間程度の長期宿泊体験活動を推進する。

（参照：http://www.maff.go.jp/j/nousin/kouryu/kodomo/index.html）

●新潟県農業大学校

新潟県立の農業専門の専修大学。二年間の間で農業の実践だけでなく、農業や就業に役立つ各種資格の取得や、理論を学ぶ。学科は3つで「稲作経営科（稲作専攻）」「園芸経営科（野菜専攻、果樹専攻、花き専攻）」「畜産経営科（酪農専攻、肉畜専攻）」とある。学科卒業後には4年制大学農学部へ編入することも可能。また、研究課程もあり、学科の過程を踏ま

え、より高度で先進的な知識や技術を習得することが可能。

〒953-0041　新潟県新潟市西蒲区巻甲 12021

(http://www.pref.niigata.lg.jp/nogyodai/1215023462525.html)

●特区

構造改革特別区域の略。地方自治体が地域の活性化を図るために、教育、農業、福祉などのさまざまな分野における規制を緩和してもらうよう国に申請し、認定を受けた特別の地域のこと。

十日町市の場合は合併前の平成十五年四月二十一日づけで、旧松代町、旧松之山町を含む東頸城郡地域(現上越市安塚区、浦川原区、大島区、牧区を含む)で「東頸城農業特区」の認定を受け、特区事業としての取り組みが地域内で行われるようになった。特区事業として農家民宿などにおけるどぶろくの製造、株式会社などの農業経営参入、市民農園の開設者の拡大、農業生産法人による農家民宿経営などの特定事業があげられる。

合併に伴いこれらを継承する手続きが進められ、平成十六年十二月八日には十日町市も農業特区の認定を受け、特区事業の活用ができることとなった。特区の名称も「越後里山活性化特区」と変更した。ただし、これら特区事業は、事業の成果や見込みがあり、事業展開による大きな支障がなければ全国展開されるため、現在では農家民宿などにおけるどぶろくの製造のみが「越後里山活性化特区」に残っており、その他のものは全国展開となった。

この中に、農家民宿開業に関する規制緩和も織り込まれており、従来民宿を開業する際に適応されていた「旅館業法」が大きく緩和された。農業者が、自宅の一部を開放し、部屋数も少なく、簡易な消防設備で民宿が営めるようになった。

●農地の大きさ

一畝（せ）＝1アール

一反（たん）＝10アール

一町歩（ちょうぶ）・1町＝1ヘクタール

農活《のうかつ》——はじめる！ my《まい》農業《のうぎょう》スタイル

2009年10月13日　第1刷発行

著者———池田美佳《いけだみか》、小豆佳代《あずきかよ》、水越弘美《みずこしひろみ》

発行人———比留川 洋

発行所———株式会社 本の泉社

〒113-0033 東京都文京区本郷2-25-6

電話：03-5800-8494　FAX：03-5800-5353

mail@honnoizumi.co.jp

http://www.honnoizumi.co.jp/

印刷･製本——音羽印刷株式会社

Printed in Japan

ISBN978-4-7807-0490-7　C0036